Virginia Vail

Tierarzt-Praxis Birkenallee 7

DIE TIERLIEBE SIEGT

Illustriert von Ines Vaders

Schneider-Buch

CIP-Titelaufnahme der Deutschen Bibliothek

Vail, Virginia:
Tierarzt-Praxis Birkenallee 7 / Virginia Vail.
[Übers. aus d. Amerikan.: Renate Navé]. –
München : F. Schneider
Einheitssacht.: Animal inn <dt.>

Bd. 4. Die Tierliebe siegt. – 1988
Orig.-Ausg. u. d. T.: Vail, Virginia: Scaredy cat
ISBN 3-505-09875-2

Übersetzung aus dem Amerikanischen: Renate Navé, München
Originaltitel: ANIMAL INN – SCAREDY CAT

Published by arrangement with SCHOLASTIC INC.
Umschlagbild: Richard Williams
Umschlaggestaltung nach der Konzeption von Angelika Bachmann, München
Illustrationen: Ines Vaders, München
Lektorat: Andrea Bubner
Herstellung: Gabi König
Satz: ADV-Augsburger Druck- und Verlagshaus GmbH, Augsburg
Druck: Presse-Druck Augsburg
ISBN: 3 505 09875-2
Bestell-Nr.: 9875

Linda schloß die Instrumententasche und nahm sie an sich. „Bis morgen, Sparky“, sagte sie. „Vergiß nicht, mein Vater ist der beste Tierarzt von Essex. Mach dir also wegen Charly keine Sorgen.“

Frau Wilson begleitete den Tierarzt und seine Tochter zur Tür. Sparky blieb bei Charly zurück und redete mit sanfter Stimme auf ihn ein.

Kaum saßen sie im Auto, sagte Linda zu ihrem Vater: „Es steht ziemlich schlecht um Charly, nicht wahr? Du glaubst doch auch nicht, daß es sich nur um eine Erkältung handelt?“

Der Tierarzt nickte. „Leider nein“, sagte er.

„Ich frage mich, ob du das gleiche vermutest wie ich“, sagte Linda.

„Und was vermutest du?“ wollte ihr Vater wissen.

„Katzenleukämie“, sagte Linda.

Der Tierarzt seufzte. „Ja, das ist auch meine Befürchtung. Nach der Blutuntersuchung werden wir es mit Sicherheit wissen. Sollte es tatsächlich Katzenleukämie sein, dann besteht wenig Hoffnung, daß Charly überlebt.“

Inhalt

Der große Unbekannte	9
Teddys Geheimnis	21
Sorge um Teddy	32
Charly darf nicht sterben	45
Linda traut ihren Augen nicht	59
Wie Hund und Katze	73
Eine unerfreuliche Entdeckung	87
Versöhnung wider Willen	100
Sparkys Mutprobe	112

Der große Unbekannte

Linda Taylor betrat den Flur des alten Landhauses am Stadtrand von Essex, in dem die Tierarztfamilie wohnte. Schwungvoll warf sie ihre Schultasche, die Turnschuhe und den Beutel mit dem Turntrikot auf die Bank neben dem Eingang. Sie war müde und verschwitzt vom Handballspiel an diesem ungewöhnlich warmen Apriltag. Normalerweise arbeitete sie um diese Zeit im „Tier-Treff", der Tierarztpraxis in der Birkenallee, wo sie ihrem Vater jeden Tag nach der Schule hilfreich zur Seite stand. Aber Doktor Taylor hatte darauf bestanden, daß sie sich in der warmen Jahreszeit sportlich betätigte und nicht ihre ganze Freizeit in der Tierklinik verbrachte. Doch Linda half ihm gerne, denn sie wollte später einmal wie ihr Vater Tiermedizin studieren.

Sie blieb einen Moment lang stehen und schnupperte. Aus der Küche drang der köstliche Duft frischgebackener Schokoladeplätzchen – eine von Frau Racers Spezialitäten. Frau Racer kümmerte sich seit dem Tod von Lindas Mutter, die bei einem Autounfall ums Leben gekommen war, um sie und ihre jüngeren Geschwister Erin und Teddy und besorgte den Haushalt.

Im Augenblick zog Linda ein Glas kalter Milch den Plätzchen vor. Auf dem Weg zur Küche kam ihr Cleveland, ihr großer rot-weiß getigerter Kater, entgegen. Sie hob ihn hoch und legte ihn sich wie einen Pelzkragen um den Nacken. Dem Kater gefiel das offensichtlich, denn er schnurrte vor Behagen.

„Na, wie geht's, mein Katerchen?" fragte Linda und kraulte ihn hinter den Ohren.

Cleveland schnurrte noch lauter, womit er zum Ausdruck bringen wollte, daß es ihm sehr gut ginge.

Nun begrüßte auch Sunshine, der goldbraune Cockerspaniel, Linda mit heftigem Schwanzwedeln, das sie mit einem liebevollen Tätscheln erwiderte. „Wo ist denn Jocko?" fragte sie ihn. Jocko war eine schwarzweiße Promenadenmischung. Normalerweise waren die beiden Hunde immer zusammen. Aber heute ließ sich Jocko nicht blicken. Auch von ihrer jüngeren Schwester Erin und ihrem kleinen Bruder Teddy fehlte jede Spur. Das Haus kam ihr zunächst wie ausgestorben vor.

Nachdem sie einen Blick ins Wohnzimmer geworfen hatte, ging sie in die Küche. Die Haushälterin war gerade dabei, ein Blech aus dem Backofen zu nehmen.

„Tag, Frau Racer", begrüßte Linda sie und ließ Cleveland wieder auf den Boden. „Ihre Plätzchen duften einfach köstlich. Darf ich eines probieren? Ich habe einen Bärenhunger. Ich verspreche Ihnen aber, daß ich mir für das Abendessen nicht den Appetit verderben werde."

Die Haushälterin lächelte und nickte Linda aufmunternd zu. „Nimm nur", meinte sie.

„Ich weiß, daß sich in dieser Familie keiner so schnell den Appetit verdirbt. Aber du solltest vielleicht noch ein paar Minuten warten, bis sie ein wenig abgekühlt sind, damit du dir nicht die Zunge verbrennst. Wenn du Durst hast, im Kühlschrank steht frische Milch."

„Ja, ich bin schrecklich durstig", sagte Linda und öffnete den Kühlschrank. „Wo sind eigentlich die anderen?"

erkundigte sie sich, während sie sich ein Glas Milch einschenkte.

„Erin ist nach der Ballettstunde zu Olivia gegangen. Sie wird gegen sechs zurück sein. Und Teddy ... nun, Teddy ist in seinem Zimmer."

Linda sah Frau Racer erstaunt an, denn Teddy war nie allein in seinem Zimmer, außer es war Schlafenszeit oder er fühlte sich nicht wohl. „Fehlt ihm was?" fragte sie besorgt, denn seit dem Tod ihrer Mutter vor drei Jahren fühlte sie sich für ihre beiden jüngeren Geschwister verantwortlich.

„Ja und nein", antwortete die Haushälterin.

„Um ehrlich zu sein, ich weiß nicht, was er hat. Aber irgend etwas hat er, das steht fest. Du weißt ja, in letzter Zeit war er etwas komisch ..."

Auch Linda war es nicht entgangen, daß ihr achtjähriger Bruder, der ein ausgesprochener Wildfang war, sich in den letzten Tagen auffallend ruhig verhalten hatte. „Vielleicht brütet er eine Krankheit aus?" überlegte sie laut. „Haben Sie seine Temperatur gemessen, Frau Racer?"

„Nein, dazu hatte ich keine Gelegenheit", erwiderte die Haushälterin. „Als er von der Schule heimkam, ist er schnurstracks nach oben gegangen. Er hat Jocko mitgenommen und sich in seinem Zimmer verkrochen. Stell dir vor, er hat mich nicht einmal gefragt, ob er die Teigschüssel ausschlecken darf, die ich eigens für ihn aufgehoben hatte!"

„Dann muß er krank sein", sagte Linda. „Ich bringe ihm ein paar Plätzchen hinauf und frage ihn, was ihm fehlt."

Frau Racer richtete einen Teller mit Plätzchen her, während Linda ihre Milch austrank. Dann nahm sie den Teller und ging nach oben, gefolgt von Sunshine.

Vor Teddys Tür angekommen, horchte sie einen Augenblick und klopfte dann an. „Teddy, ich bin es, Linda", rief sie. „Darf ich reinkommen?"

„Nein, ich will niemanden sehen!" antwortete Teddy, und seine Stimme klang gedämpft, als hätte er das Gesicht in ein Kissen vergraben.

„Ich habe dir ein paar Plätzchen mitgebracht", sagte Linda. „Sie sind frisch aus dem Ofen."

„Ich mag keine", kam es aus dem Zimmer.

Er ist wirklich krank, dachte Linda, denn wenn es Schokoladenplätzchen gab, konnte Teddy sonst nie widerstehen.

„Wenn du sie nicht willst, gebe ich sie Sunshine", sagte Linda. „Das wäre doch jammerschade, oder?"

„Ist mir egal", brummte Teddy. „Laß mich jetzt in Ruhe!"

Linda öffnete trotzdem die Tür und trat in das Zimmer. Teddy lag auf seinem Bett, das Gesicht mit einem Kissen bedeckt. Er nahm es nicht weg, als sie neben ihm stand, sondern legte noch ein zweites darauf.

Linda stellte den Teller mit den Plätzchen auf das Nachtkästchen und setzte sich an den Bettrand. „Was hast du denn, Teddy?" fragte sie und legte ihm eine Hand auf die Schulter. Aber Teddy schob sie unwirsch beiseite und murmelte etwas Unverständliches. Jocko, der bislang unter dem Bett gelegen hatte, kam nun hervorgekrochen, um Linda zu begrüßen. Aber natürlich hatte ihn auch der Duft der Plätzchen angelockt.

„Nein, Jocko, die sind nicht für dich", sagte Linda streng, und der Hund zog sich wieder unter das Bett zurück.

„Hast du Bauchschmerzen, Teddy?“ wollte Linda wissen.

Keine Antwort.

„Oder Halsweh?“

Schweigen.

„Eine Klassenarbeit verpatzt?“

Teddy schüttelte heftig den Kopf unter den Kissen.

„Was hast du denn? Wenn du es mir nicht sagst, kann ich dir auch nicht helfen“, sagte Linda ungeduldig.

„Ich brauche keine Hilfe“, erwiderte Teddy. „Geh jetzt!“

„Du könntest mich wenigstens ansehen, wenn du mit mir sprichst“, sagte Linda und zog ihm die Kissen vom Gesicht.

Teddy legte blitzschnell die Hände auf die Augen und wehrte sich mit aller Kraft, als seine Schwester sie wegziehen wollte. Aber da sie stärker war als er, gelang es ihr dennoch.

„Du hast ja ein blaues Auge!“ rief Linda erschrocken.

Blau war nicht der richtige Ausdruck, denn Teddys Auge war stark angeschwollen und violett gefärbt.

„Wie hast du das erraten?“ brummte Teddy und starrte wütend vor sich hin. „Und wenn schon . . . Willst du jetzt endlich gehen?“

„Nein, ich bleibe so lange, bis du mir gesagt hast, woher du es hast“, erklärte Linda bestimmt. „Mit wem hast du dich geprügelt? Wer war es?“

„Sag ich nicht“, erwiderte Teddy. „Das geht dich nichts an.“ Er hob seine Baseballmütze vom Boden auf und setzte sie sich so tief in die Stirn, daß sie sein blaues Auge verdeckte.

„Doch, es geht mich was an“, widersprach ihm Linda.

Teddy weigerte sich hartnäckig, damit herauszurücken, mit wem er sich geprügelt hatte

„Wer hat angefangen? Du oder der andere? Du weißt ganz genau, was Paps von Schlägereien hält. Er wird sehr enttäuscht sein von dir."

„Das ist mir egal. Bei der erstbesten Gelegenheit werde ich's ihm zeigen."

„Wem denn?" wollte Linda wissen. „Jetzt sag endlich, mit wem du dich geprügelt hast."

„Das geht dich nichts an", brummte Teddy und schielte nach dem Teller mit den Plätzchen. Er nahm schließlich eins und steckte es in den Mund.

Linda verlor allmählich die Geduld. „Teddy, du bist mein Bruder, und wenn dich jemand verprügelt, dann geht mich das sehr wohl etwas an. Ich frage dich zum letztenmal: Wer war es? Und wenn du es mir nicht sagst, wirst du gleich noch ein blaues Auge haben."

Teddy schluckte das Plätzchen hinunter und trank einen Schluck Limonade. „Du kennst ihn nicht", sagte er schließlich. „Sparky ist erst seit zwei Wochen in unserer Stadt."

„Ist er in deiner Klasse?" erkundigte sich Linda.

„Ja", antwortete Teddy und steckte ein zweites Plätzchen in den Mund. „Und keiner mag ihn. Er ist der größte Raufbold in der ganzen Schule."

„Warum habt ihr euch geschlagen?" forschte Linda und nahm sich ebenfalls ein Plätzchen.

„Also, es war so: Billy, Eric und ich haben *Krieg der Sterne* gespielt, und ich war Darth Vader. Dann kam Sparky daher und sagte, er wollte Darth Vader sein. Eric sagte zu ihm: Hau ab. Daraufhin hat Sparky ihm einen Stoß in die Rippen gegeben und mir mein Schwert – das war ein schwerer Stock – weggenommen. Als ich ihn

Sparky wieder abnehmen wollte, hat er mir mit der Faust aufs Auge geschlagen. Und dann kam Frau Reinhart, die mit uns die Spiele macht, und wir mußten mit ihr zum Direktor. Und Herr Stauffer meinte, es wäre alles meine Schuld. Ich hätte einen Neuen nicht angreifen dürfen, und er würde Paps anrufen und ihm alles erzählen. Das ist wirklich nicht fair! Ich habe Sparky ja nur einen Tritt ans Schienbein gegeben."

„Ja, das ist wirklich nicht gerecht", pflichtete ihm Linda bei. „Aber du mußt trotzdem Paps die ganz Geschichte erzählen. Ich bin sicher, er wird auf deiner Seite sein."

„Vielleicht gehe ich fort von hier", sagte Teddy und zog sich die Mütze noch tiefer ins Gesicht. „Vielleicht gehe ich nach Kalifornien. Oh, wie ich Sparky hasse!"

Jocko, der die ganze Zeit ruhig unter dem Bett gelegen hatte, kroch nun hervor, sprang auf das Bett und leckte Teddys Gesicht.

„Kommst du mit mir nach Kalifornien?" fragte Teddy den Hund und legte seine Arme um ihn. „Ich wette, es wird dir dort gefallen."

„Teddy, du wirst nicht nach Kalifornien gehen", sagte Linda streng. „Du bleibst hier und wirst mit Sparky reden. Er ist sicher viel netter, als du denkst. Ich wette, er ist nur einsam. Schließlich ist er neu hier und hat noch keine Freunde."

„Er wird auch nie welche haben", sagte Teddy. „Nur Feinde, und davon eine ganze Menge."

Linda seufzte. „Ich werde dir einen Eisbeutel auf dein Auge legen, damit die Schwellung zurückgeht. Dann kannst du mit Jocko und Sunshine einen Spaziergang machen. Du kannst schließlich nicht die ganze Zeit in

deinem Zimmer verbringen."
„Ich will aber nicht rausgehen. Jeder, der mich sieht, wird mich auslachen!"
„Wieso?" fragte Linda. „Was ist denn an einem blauen Auge so komisch?"
„Weil es von Sparky stammt, und Sparky ist ein..."
„Was ist er?" wollte Linda wissen.
„Nichts, vergiß es", brummte Teddy.
„Wie du meinst", sagte Linda. „Komm mit in die Küche, ich gebe dir einen Eisbeutel. Und wenn du fernsehen willst, kannst du das auch mit nur einem Auge. Frau Racer hat sich deinetwegen große Sorgen gemacht, und das ist dir doch sicher nicht recht."
„Natürlich nicht", sagt Teddy. „Komm, Jocko, wir gehen runter. Und dann machen wir einen langen Spaziergang."

„Wow! Hast du ein Veilchen!" rief Erin, als sie Teddy erblickte. Sie hatte neben ihm auf dem Fußboden Platz genommen, um mit ihm fernzusehen, und natürlich war ihr sein blaues Auge sofort aufgefallen. „Warte erst, bis Paps dich sieht! Da wirst du was zu hören bekommen!"
„Ach, halt doch den Mund!" sagte Teddy mißmutig. „Und laß mich in Ruhe!"
„Entschuldige", meinte Erin und zog die Augenbrauen hoch. „Entschuldige, daß ich lebe!" Mit diesen Worten verließ sie wütend das Zimmer.
„Was hat denn Teddy? Mit wem hat er sich geprügelt?" fragte sie Linda, die Frau Racer half, die noch warmen Plätzchen vom Backblech zu nehmen. „Er hat ja eine Stinklaune."

2 9875-8

„Das kann man wohl sagen", antwortete Linda. „Am besten, man läßt ihn allein. Er hat sich mit einem Jungen, der neu an der Schule ist, gerauft, und sie mußten beide zum Schuldirektor. Und Teddy ist jetzt sauer, weil Herr Stauffer ihm die Schuld gegeben hat."

„Na so was!" entrüstete sich Erin. „Wie kann es Teddys Schuld sein, wenn er ein blaues Auge abbekommen hat? Es sei denn, er hat den anderen noch übler zugerichtet."

„Er behauptet, daß er ihm nichts getan hat", sagte Frau Racer. „Dieser Sparky scheint wirklich ein Raufbold zu sein. Ich werde dem Doktor sagen, er soll gleich morgen zum Schuldirektor gehen, um mit ihm zu reden. Unser Teddy ist ein guter Junge. Er läßt sich nie oder fast nie in eine Schlägerei ein. Erin, willst du dich nicht auch nützlich machen? Hier, leg doch bitte Lindas Plätzchen auf das Backblech, und schieb es dann in den Ofen."

„Lindas Plätzchen?" fragte Erin erstaunt. „Hast du den Teig gemacht?"

„Was denkst du! Frau Racer natürlich. Ich habe sie nur ausgestochen", erklärte ihr Linda.

„Gott sei Dank!" meinte Erin erleichtert. „Als du das letzte Mal Plätzchen gebacken hast, konnte sie niemand essen, weil du das Backpulver vergessen hattest. Selbst die Hunde haben sie nicht angerührt."

„Nett von dir, mich daran zu erinnern", meinte Linda spitz. „Auch wenn ich vom Backen nichts verstehe, Frau Racers Plätzchen kann ich auf keinen Fall verderben. Mach schon, und leg die Plätzchen auf das Blech!"

„Jawohl, Boss!" sagte Erin und grinste breit. „Wo ist eigentlich Paps? Es ist schon sechs Uhr vorbei."

„Im Augenblick hat er sehr viel zu tun. Er wird jeden Tag

zu irgedwelchen Bauern gerufen, weil jetzt die Kühe, die Schafe und die Stuten ihre Jungen bekommen. Er hat vorhin angerufen und gesagt, daß er noch zum Hof der Bauers fahren muß, weil deren schönstes Schaf Junge bekommt. Es scheint ein komplizierter Fall zu sein," sagte die Haushälterin.

„Ach, du meine Güte", seufzte Linda. „Hoffentlich geht alles gut. Hätte ich doch bloß mitkommen können, anstatt Handball zu spielen."

Erin zog die Nase kraus. „Lämmer sind nur nett, solange sie klein sind, später sind sie richtig doof."

„Nein, das stimmt nicht. Es gibt auch sehr kluge Schafe", widersprach Linda. „Flossie zum Beispiel ist ziemlich klug. Und sie hat außerdem ein so herrliches, weiches Fell, aus dem die Bauers eine wunderschöne Wolle spinnen. Ihre Tochter strickt daraus Pullover, die sie dann verkauft. Ich finde, Schafe sind sehr nette Tiere."

„Also, mir sind sie als schöner Braten am liebsten", sagte Frau Racer. Als sie Lindas entsetzten Gesichtsausdruck sah, fügte sie rasch hinzu: „Entschuldige, Linda, ich weiß, wie du darüber denkst. Ich hätte das nicht sagen dürfen."

„Ist schon okay", meinte Linda. „Es kann schließlich nicht jeder Vegetarier sein. Selbst Paps ißt Fleisch, auch wenn er Tiere über alles liebt."

In diesem Augenblick ertönte vor dem Haus eine Autohupe, und Frau Racer nahm rasch ihre blütenweiße Schürze ab und reichte sie Erin. „Das ist mein Sohn Henry", sagte sie. „Ich muß gehen. Linda, bitte sage deinem Vater, daß er morgen mit dem Schuldirektor reden soll. Wir können es nicht zulassen, daß Teddy weiterhin von diesem Raufbold belästigt wird. Und du, Erin, schieb die Plätzchen kurz vor dem Abendessen in den Ofen. Aber sie dürfen nur zehn Minuten backen, sonst werden sie zu dunkel.“ Sie lief hinaus in den Flur, um sich den Mantel überzuziehen. Als Teddy ihr begegnete, strich sie über seinen Lockenkopf und meinte: „Sei nicht traurig, mein Junge. Dein Auge ist bald wieder in Ordnung. Ich weiß, du kannst nichts dafür, daß dieser große Wildfang auf dich losgegangen ist.“

„Danke, Frau Racer“, sagte Teddy. „Aber Sparky ist gar nicht groß. Er ist nur grob. Nächstes Mal werde ich ihm alle seine Milchzähne ausschlagen. Ja, das werde ich tun!“

„Nein, Teddy, das ist nicht der richtige Weg“, sagte die Haushälterin und schüttelte den Kopf. „Du solltest deinen Feinden verzeihen; merke dir das, mein Junge.“

Teddy schüttelte ebenfalls den Kopf. „Auf keinen Fall! Ich werde ihm nie verzeihen, und wenn ich so alt werde wie Sie“, sagte er entschlossen.

Frau Racer mußte lachen. „Ich bin sechzig“, sagte sie. „Da hast du noch einige Jahre vor dir.“

Noch einmal ertönte die Autohupe, und Frau Racer sagte: „Also bis morgen. Und laß ja den Eisbeutel auf deinem Auge!“

Als die Haushälterin gegangen war, setzte sich Teddy wieder vor den Fernsehapparat. Linda konnte sich sehr gut vorstellen, was in seinem Kopf vorging: Niemals würde er Sparky verzeihen. Auch dann nicht, wenn er einhundertzwölf Jahre alt würde!

Teddys Geheimnis

Eine halbe Stunde später kam der Tierarzt nach Hause. Er sah müde, aber zufrieden aus.

„Hallo, Paps", begrüßte Linda ihn und drückte ihm einen Kuß auf die Wange. „Wie geht es Flossie und dem Lämmchen?"

Ihr Vater lächelte und zwickte sie in eine Backe. „Alle drei sind wohlauf", sagte er.

„Was, sie hat Zwillinge bekommen?" rief Linda erfreut. „Ich möchte sie unbedingt sehen. Bitte, nimm mich mit, wenn du wieder hinfährst. Ich wäre so gern bei ihrer Geburt dabeigewesen!"

„Zwillinge? Flossie hat Zwillinge bekommen?" rief Erin und stürzte ins Wohnzimmer, um ihren Vater zu begrüßen. „Wie goldig!"

„Ja, sie sehen sehr nett aus", meinte der Tierarzt. „Ich habe Herrn Bauer gesagt, daß ich in einer Woche bei ihm vorbeischaue. Ihr könnt mich beide begleiten, wenn ihr Lust habt." Dann sah er Teddy vor dem Fernsehapparat sitzen und sagte: „Du natürlich auch, Teddy. Sag, willst du deinem Vater keinen Kuß geben?"

Teddy winkte ihm zu, ohne ihn anzusehen.

Der Tierarzt warf seiner älteren Tochter einen fragenden Blick zu.

Linda sagte: „Frag ihn lieber selbst, Paps..."

Aber da fiel ihr sogleich Erin ins Wort: „Schau dir doch sein Auge an, Paps! Er hat in der Schule mit einem Jungen gerauft und mußte dann zum Direktor", sprudelte es aus ihr heraus.

„Alte Quasselstrippe!" rief Teddy und warf seiner Schwester einen finsteren Blick zu.

Doktor Taylor beugte sich zu Teddy hinunter und untersuchte das blaue Auge. „Das sieht aber ganz schön schlimm aus, mein Junge. Jetzt erzähl mal, wie du dazu gekommen bist."

„Wenn du unbedingt darauf bestehst", sagte Teddy.

„Ja, das tue ich", erwiderte sein Vater. „Wie wäre es, wenn wir beide in mein Arbeitszimmer gingen? Da kannst du mir alles ungestört erzählen." Dann wandte er sich an die beiden Mädchen: „Es wird nicht lange dauern. Laßt uns um sieben essen." Er legte einen Arm um Teddys Schultern und schob ihn zur Tür hinaus.

Während des Abendessens war Teddy auffallend schweigsam. Nachdem Linda und Erin das Geschirr in die Spülmaschine geräumt hatten, machten sie noch die Küche sauber. Teddy ging mit den Hunden spazieren. Später zog sich Erin in den Hobbyraum zurück, um ein paar neue Tanzschritte einzuüben, und Linda ging mit ihrem Vater auf den Hof hinaus, um die Kaninchen, die Ente Archie und Teddys Küken zu füttern.

„Wirst du Teddy bestrafen?" erkundigte sich Linda, während sie den Kaninchen das Futter gab.

Ihr Vater schüttelte den Kopf. „Nein, ich finde, er ist schon genügend bestraft. Und ich glaube, daß er die Wahrheit sagt, wenn er behauptet, daß nicht er angefangen hat." Er füllte etwas Wasser im Kükenstall nach. „Ich werde in der Schule anrufen und mir einen Termin bei

Teddys Klassenlehrerin und dem Direktor geben lassen. Es sieht ganz so aus, als wäre dieser Sparky ein sehr aggressiver Junge. Seit er in der Schule ist, hat er sich schon mit mehreren angelegt. Teddy ist nur einer von vielen. Wenn seine Eltern nicht darüber Bescheid wissen, dann ist es Zeit, daß jemand mit ihnen spricht. Aber es sollte ein Lehrer sein."

Linda seufzte erleichtert. „Ich bin froh, daß du ihn nicht bestrafst", sagte sie. „Er kann nämlich wirklich nichts dafür. Dieser Sparky soll mir bloß nicht unter die Augen kommen! Teddy war schon die ganze Zeit so bedrückt. Er hat sogar gesagt, daß er nicht länger hier leben will."

„Ja, das hat er mir auch gesagt, als ich ihm sagte, daß ich mit seiner Lehrerin sprechen wollte. Aber zum Glück ist er ein kluger Junge und würde nie eine solche Dummheit begehen. Ich bin sicher, ich werde die Angelegenheit ein für allemal aus der Welt schaffen. Ich habe Teddy gesagt, daß er Sparky aus dem Weg gehen soll." Linda nahm Cottontail, ihr großes, graues Kaninchen auf den Arm, um es zu streicheln. „Ich frage mich, wie Sparky wirklich heißt", sagte sie.

„Ja, ich habe Teddy mehrmals danach gefragt, aber er wollte es mir nicht sagen. Er wollte in der Tat überhaupt nichts über den Jungen verraten, außer, daß er der größte Raufbold in der Schule ist und daß ihn alle hassen. Um ehrlich zu sein, mir tut dieser Sparky trotz allem leid. Er scheint große Schwierigkeiten zu haben, sich in seiner neuen Umgebung einzugewöhnen."

„Ja, ich weiß", sagte Linda. Sie setzte Cottontail wieder in den Stall und streichelte Flopsy, Mopsy und Peter, damit sie sich nicht vernachlässigt fühlten. „Aber wenn er

Während Linda die Kaninchen streichelte, war sie mit ihren Gedanken ganz bei Teddy und seinen Problemen mit Sparky

Freunde gewinnen will, dann ist das sicher nicht der richtige Weg!"

„Natürlich nicht", stimmte ihr Vater zu. „Aber laß uns jetzt ins Haus gehen. Du hast sicher noch Hausaufgaben zu machen, und ich muß noch ein paar wichtige Artikel lesen."

Linda machte ein langes Gesicht. „Ja, ich muß noch einen Aufsatz schreiben und habe erst die Hälfte. Paps, wirst du uns wirklich zu Flossie mitnehmen?" fragte sie bittend.

„Natürlich", versprach der Tierarzt. „Aber wahrscheinlich nicht vor Sonntag nachmittag. Vielleicht können wir uns etwas länger bei den Bauers aufhalten. Frau Bauer freut sich, wenn ihr mitkommt. Sie hat im Augenblick ihre Nichte, die etwa in Erins Alter ist, zu Besuch. Und das Mädchen fühlt sich etwas einsam auf dem Hof. Vielleicht werden sich die beiden miteinander anfreunden."

„Ja, das wäre schön", sagte Linda. „Ich verstehe nicht, wie sich jemand auf einem Bauernhof einsam fühlen kann. Auch wenn da keine Menschen sind, mit denen man sich unterhalten kann, dort sind doch so viele Tiere!"

Ihr Vater lächelte und fuhr ihr mit der Hand durch die Haare. „Nicht jeder ist ein Tiernarr wie du, Linda", meinte er. „Marcy ist in Pittsburgh aufgewachsen, und das einzige Haustier, das sie je hatte, war ein Kanarienvogel. Herr Bauer sagt, sie hat Angst vor Kühen, und selbst Hunde und Katzen sind ihr nicht geheuer."

„So was!" staunte Linda. „Kannst du dir vorstellen, daß man vor Tieren Angst haben kann? Zum Glück hat Erin einen Kanarienvogel, und die beiden haben etwas, worüber sie sich unterhalten können. Hast du was dagegen, wenn Toby auch mitkommt? Ich bin sicher, er möchte die beiden Lämmer auch sehen. Bei ihm auf dem Hof gibt es nämlich keine Schafe."

Toby, der etwas älter war als Linda, half ebenfalls in seiner Freizeit im Tier-Treff aus. Er zählte neben Jill Dearborne zu Lindas besten Freunden. Nur manchmal, wenn er so tat, als wisse er besser über Tiere Bescheid als sie, ging er ihr etwas auf die Nerven.

„Ach, ich habe ganz vergessen, dir zu sagen, daß Toby bei der Geburt der beiden Lämmer dabei war", sagte ihr Vater. „Er ist wirklich ein sehr guter Assistent!"

Linda machte ein enttäuschtes Gesicht. „Ist er besser als ich?" fragte sie leise, und zum erstenmal war sie auf Toby eifersüchtig.

„Nein, Linda, er ist nicht besser als du", versicherte ihr Vater. „Ich kann mir keine größere Hilfe als dich vorstellen. Aber wenn du nicht da bist, gibt er sich große Mühe."

Linda faßte sich wieder. Die Meinung ihres Vaters war ihr ungeheuer wichtig. „Kann er trotzdem mitkommen?" fragte sie. „Auch wenn er sie schon gesehen hat?"

„Selbstverständlich", meinte ihr Vater. „Wenn seine Eltern nichts dagegen haben. Jetzt geh aber auf dein Zimmer, und schreib deinen Aufsatz zu Ende."

Linda nahm Cleveland, der an der Tür auf sie gewartet hatte, auf den Arm. Sie trug ihn hinauf in ihr Zimmer und setzte ihn aufs Bett. Dann nahm sie an ihrem Schreibtisch Platz und begann zu schreiben.

Sie wollte noch eine Stunde arbeiten, dann eine heiße Dusche nehmen und Erin und Teddy gute Nacht sagen, bevor sie selbst zu Bett ging. Sie streckte sich gähnend. Hoffentlich konnte sie sich noch so lange wachhalten.

„Paps nimmt uns am Sonntag zu den Bauers mit, damit wir die beiden Lämmer sehen können", sagte Linda vor dem Schlafengehen zu Erin, als sie ihr gute Nacht wünschte. „Sie haben eine Nichte zu Besuch. Sie ist etwa in deinem Alter."

„Wirklich? Wie heißt sie denn?" fragte Erin.

„Marcy. Sie hat auch einen Kanarienvogel", erzählte ihr Linda.

„Glaubst du, daß sie auch Ballettunterricht nimmt?" sagte Erin nachdenklich.

„Schon möglich", erwiderte Linda. „Paps hat es aber nicht erwähnt. Sie ist aus Pittsburgh."

„Ich frage mich, was sie bei den Bauers tut?" sagte Erin.

„Woher soll ich das wissen?" erwiderte Linda. „Ich habe Paps nicht danach gefragt. Ich war zu sehr mit Teddy beschäftigt. Sag mal, weißt du mehr über diesen Sparky?"

Erin nahm ihr Lieblingsbuch vom Nachttisch und machte es sich in den Kissen bequem. „Du hast scheinbar vergessen, daß ich in die sechste Klasse gehe und daß mich die Kinder der dritten nun wirklich nicht interessieren", sagte sie pikiert. „Wir sind außerdem nie auf der Spielwiese. Unsere Spiele finden im großen Auditorium statt. Wir proben gerade ein Stück, das sich an den *Mittsommernachtstraum* anlehnt. Das ist von Shakespeare, weißt du."

Linda nickte. „Ja ich weiß", sagte sie.

„Wir führen nicht das ganze Stück auf", erklärte ihr Erin. „Fräulein Garfield hat es auf fünfundvierzig Minuten gekürzt. Ich bin Titania, die Feenkönigin."

„Ja, ich weiß", sagte Linda wieder. Seit zwei Wochen redete Erin von nichts anderem als dem Theaterstück und ihrer Rolle darin. „Und Fräulein Garfield läßt dich alle

Tänze in dem Stück tanzen."

„Ich wette, du weißt nicht, daß früher einmal Moira Shearer die Titania gespielt hat. Sie war eine berühmte englische Ballerina mit wunderschönen roten Haaren."

„Ich weiß", sagte Linda und gähnte.

„Hier, in meinem Buch ist auf Seite zweiundfünfzig ein Bild von ihr, wie sie in *Schwanensee* tanzt", erklärte ihr Erin und blätterte im Buch. Als sie die Seite gefunden hatte, hielt sie sie Linda unter die Nase.

„Ist sie nicht wunderschön?" schwärmte sie. „Aber nicht so schön wie Mama, als sie noch Tänzerin war."

„Mama war die schönste Ballerina", sagte Linda mit sanfter Stimme. Ihre Mutter war vor ihrer Heirat eine Ballettänzerin gewesen. Erin, die bei dem Tod der Mutter erst acht Jahre alt gewesen war, hatte große Ähnlichkeit mit ihr. Linda hingegen glich stark ihrem Vater, und Teddy hatte viel von beiden Elternteilen.

„Ich möchte nur noch ein paar Seiten lesen", sagte Erin. „Linda, könntest du bitte Dandys Käfig zudecken? Ich habe es ganz vergessen und keine Lust mehr aufzustehen."

„Okay", sagte Linda. „Aber in einer Viertelstunde mußt du das Licht ausmachen. Gute Nacht und träum süß!"

„Du auch, Linda", rief Erin ihr nach. „Bis morgen. Und nimm ja Cleveland mit raus. Jedesmal, wenn er Dandy anschaut, bekommt er nämlich Appetit auf ihn."

Linda schloß die Tür hinter sich und ging in Teddys Zimmer. Sie fand ihren kleinen Bruder gerade beim Spiel mit seinem Lieblingshamster Ringo vor.

„Teddy, setz Ringo in den Käfig zurück", sagte Linda. „Du machst ihn nur noch munterer, und dann schläft er überhaupt nicht mehr."

„Er schläft sowieso nicht“, sagte Teddy, setzte den Hamster aber trotzdem zu den anderen in den Käfig zurück. „Gute Nacht, meine Lieben“, sagte er. „Und seid nicht zu laut, ich muß schließlich schlafen.“ Dann sprang er in sein Bett und reichte Linda den Eisbeutel. „Wie sieht mein Auge aus?“ wollte er wissen. „Meinst du, daß es morgen besser ist?“

„Sicher“, beruhigte ihn Linda. „Aber natürlich wird man es noch sehen. Es wird schon ein paar Tage dauern, bis die Schwellung abgeklungen und der Bluterguß verschwunden ist.“ Sie strich seine Bettdecke glatt und schüttelte die Kissen aus. Dann holte sie den Teddybären Kuschel-Wuschel aus dem Schrank und legte ihn neben ihren Bruder.

„Du, Linda?“ begann der Junge zögernd.

„Was denn?“ fragte Linda.

„Könntest du Paps sagen, daß er lieber nicht mit meiner Klassenlehrerin und dem Direktor redet?“

„Das könnte ich, aber es hätte wenig Sinn“, meinte Linda. „Sei doch froh darüber, daß er mit ihnen sprechen will. Fräulein Vickers und Herr Stauffer werden Sparky sicherlich zur Rede stellen, und er wird dich dann in Zukunft in Ruhe lassen. Oder möchtest du nicht, daß Herr Stauffer weiß, daß nicht du es warst, der den Streit angefangen hat?“

Teddy verzog das Gesicht. „Ach, Linda, du hast das Ganze noch immer nicht kapiert! Wenn Paps mit Fräulein Vickers und Herrn Stauffer spricht, wird er herausbekommen, daß...“, er zögerte einen Augenblick, ehe er fortfuhr, „...daß, nun ja, er wird etwas über Sparky erfahren, was mir nicht recht ist.“

„Und was ist das?“ wollte Linda wissen. „Warum machst du so ein Geheimnis um Sparky? Hat er etwa zwei Köpfe?“

„Red keinen Blödsinn, Linda! Es ist viel schlimmer. Und wenn Paps es erfährt, wird er stocksauer auf mich sein.“

Linda verstand nun gar nichts mehr. „Ich passe“, sagte sie. „Schlaf jetzt. Morgen sieht alles ganz anders aus.“ Sie beugte sich über Teddy und küßte ihn auf die Wangen. „Gute Nacht und träum süß.“

Teddy drückte Kuschel-Wuschel an sich und schloß die Augen.

„Ich lasse die Tür einen Spaltbreit offen. Paps wird in ein paar Minuten dasein, um dir noch gute Nacht zu sagen.“ Gerade als sie das Zimmer verlassen hatte, rief Teddy nach ihr.

„Ja, was ist denn?“ fragte Linda.

„Versprichst du mir etwas?“ sagte er.

„Ja, aber worum geht es denn?“ wollte Linda wissen.

„Versprichst du mir, daß du mich nicht auslachen wirst, wenn du morgen erfährst, was Paps herausbekommen hat?“

„Ja, Ehrenwort, aber, was wird Paps herausfinden?“ fragte Linda.

„Nein, du solltest es mir nur versprechen“, sagte Teddy. „Du hast mir versprochen, daß du es mir versprechen willst. Und wenn du es mir nicht versprichst, dann hast du dein Versprechen nicht gehalten.“

„Also, weißt du, Teddy, manchmal bist du nicht ganz dicht!“ sagte Linda. „Okay, ich habe dir versprochen, daß ich es dir versprechen werde.“

„Gute Nacht, Linda“, sagte Teddy.

„Gute Nacht, Teddy." Linda verließ das Zimmer. Draußen im Flur begegnete sie ihrem Vater.

„Ist was?" fragte er sie, als er ihr verwirrtes Gesicht sah.

„Ich weiß nicht", erwiderte Linda. „Teddy wollte soeben, daß ich ihm verspreche, daß ich ihn nicht auslachen werde, wenn du morgen über Sparky etwas erfahren wirst. Ich kann mir nicht vorstellen, was das sein kann."

„Mir geht es nicht anders", meint ihr Vater. „Vielleicht ist Sparky gar kein so großer Junge, wie Teddy ihn schildert, sondern ein kleiner. Und wenn ein Junge, der kleiner ist als Teddy, ihm ein blaues Auge geschlagen hat, dann kann ich verstehen, warum Teddy die Angelegenheit so peinlich ist.

„Ja, du könntest recht haben", sagte Linda. „Aber selbst, wenn Sparky einen Kopf kleiner ist als Teddy, finde ich das nicht komisch. Ich glaube, Teddy hat Angst, daß du wütend wirst. Er weiß, daß es nicht richtig ist, sich mit einem kleineren Jungen zu schlagen."

„Warten wir es ab, Linda!" meinte ihr Vater und gab ihr einen Gutenachtkuß, bevor er Teddys Zimmer betrat.

Linda schlüpfte in ihr Bett, an dessen Fußende Cleveland eingerollt lag. Sie nahm das Buch, das sie nun schon zum drittenmal las, zur Hand. Es war eine Sammlung von Tiergeschichten. Aber sie konnte sich nicht konzentrieren, denn immer wieder sah sie Teddy im Geiste vor sich, wie er mit einem Jungen raufte, der einen Kopf kleiner war als er.

Sorge um Teddy

„Warte, bis du die beiden Lämmchen von den Bauers gesehen hast“, sagte Toby zu Linda, als sie sich am nächsten Tag nach der Schule im Tier-Treff sahen. Toby hielt einen unruhigen, jungen Dobermann mit Namen Gretel fest, während Linda dem Welpen zuredete, den Kopf in eine Plastiktüte ohne Boden zu stecken. Sobald Gretels Hals in der Plastiktüte steckte, sollte Linda sie festbinden, damit sie nicht verrutschen konnte. Auf diese Weise konnte verhindert werden, daß der Welpe an seinen Ohren kratzte, die Doktor Taylor soeben kupiert und bandagiert hatte.

„Wir fahren am Sonntag zu den Bauers“, sagte Linda. „Paps nimmt uns alle drei mit. Möchtest du auch mitkommen?“

Gretel sträubte sich mit allen vieren und versuchte sich zu befreien.

„Halte sie noch etwas fester“, sagte Linda zu Toby. „Ich habe es gleich geschafft.“ Dann wandte sie sich an den Welpen: „Ruhig, Gretel, ruhig. Ich tue dir ja nichts. Wenn du noch eine Minute stillhältst, ist alles vorüber.“ Der Welpe verdrehte die Augen und jaulte laut. Aber er hielt dennoch so lange still, bis Linda ihm die Plastikhülle übergestreift hatte. „Brav, Gretel, brav“, lobte sie den kleinen Hund, während sie die Hülle festband. Dann streichelte sie Gretels seidiges Fell, bis sie sich wieder beruhigt hatte.

„Klar komme ich gern mit zu den Bauers", sagte Toby. „Kann ich sie jetzt loslassen?"

„Ja, kannst du", meinte Linda. „Arme Gretel", wandte sie sich dann an den Welpen, „ich hasse es, wenn man Hunden die Ohren oder den Schwanz stutzt. Ich finde es einfach nicht richtig, daß man Tieren das antut, nur damit sie anders aussehen. Wenn ich einmal Tierärztin bin, werde ich mich weigern, diese sogenannten Schönheitsoperationen zu machen."

„Dann wird dir so manches Geschäft entgehen", sagte Toby. „Außerdem handelt es sich um Schönheitsoperationen, wie sie auch bei Menschen durchgeführt werden. Wenn jemand eine riesengroße Nase hat, die ihn stört, oder stark abstehende Ohren, dann fühlt er sich viel wohler, wenn er sie korrigieren lassen kann."

„Aber deine Ohren stehen auch stark ab – ich meine ein wenig", sagte Linda, „und ich wette, du würdest sie deshalb nicht operieren lassen. Du darfst eins nicht vergessen, Toby: Wir Menschen können frei entscheiden, ob wir uns einer Schönheitsoperation unterziehen wollen, aber Hunde, wie zum Beispiel Gretel hier, haben keine Wahl. Vielleicht wäre sie mit ihren Ohren sehr zufrieden?"

„Aber wenn sie Schlappohren und einen langen Schwanz hätte, könnte Frau Fischer sie nicht an diesen komischen Schönheitswettbewerben teilnehmen lassen", stellte Toby klar. Dann fügte er grinsend hinzu: „Wenn ich ein Hund wäre, dann würde ich sicher keinen Preis gewinnen. Mit diesen abstehenden Ohren!"

Linda kicherte. „Na, so groß sind sie nun auch wieder nicht", sagte sie. „Du kannst jetzt Gretel zu Frau Fischer hinausbringen." Sie reichte Toby die Hundeleine, damit er

3 9875-8

sie an Gretels Halsband befestigte.

„Komm, Kürbiskopf", sagte Toby lachend zu dem Hund. „Laß uns gehen!"

„Toby, nenn sie nicht so. Du verletzt ihre Gefühle", wies ihn Linda zurecht.

„Ach was", meinte Toby, „die weiß doch gar nicht, was ich sage!"

„Da wäre ich mir nicht so sicher", erwiderte Linda. „Tiere verstehen weit mehr, als du glaubst."

„So kann nur eine Tiernärrin, wie du es bist, reden", brummte Toby und ging mit Gretel in das Wartezimmer hinaus.

„Wenn ich keine wäre, dann könnte ich auch keine gute Tierärztin werden", rief Linda ihm nach.

Nachdem die Tür hinter Toby ins Schloß gefallen war, half Linda ihrem Vater, den nächsten Patienten zu versorgen. Es war eine Taube mit einem gebrochenen Flügel.

„Was fehlt dir denn diesmal, Walter?" fragte sie die Taube, als sie diese festhielt, während ihr Vater die Vorbereitungen für die Röntgenaufnahme traf. „Es ist noch gar nicht so lange her, als du wegen einer Infektion am Schnabel bei uns warst. Wie ist denn das mit dem Flügel passiert?"

Der Tierarzt reichte Linda die Schürze, die sie vor den Röntgenstrahlen schützte. Dann hielt sie Walter während der Röntgenaufnahme fest.

„Da Walter offensichtlich nicht auf deine Frage antworten will, muß ich es wohl tun," sagte ihr Vater. „Er wurde von einer Katze aus der Nachbarschaft angegriffen. Zum Glück ist ihm nichts Schlimmeres passiert. Sobald wir die Röntgenaufnahme haben, werde ich den Flügel behandeln. Aber es wird trotzdem besser sein, wenn Walter ein paar Tage bei uns bleibt. Sag Toby, er soll einen Käfig für ihn bereitstellen."

„Mach ich, Paps", erwiderte Linda und übergab ihrem Vater die Taube. „Da wir schon vom Kämpfen reden, hast du mit Teddys Lehrerin gesprochen?" erkundigte sie sich, während sie die Schürze auszog.

„Ja, gleich in der Früh. Fräulein Vickers sagte mir, daß ich schon der fünfte war, der sich in dieser Woche über Sparky beschwert hat. Sie und der Direktor haben bereits mit Sparkys Mutter gesprochen. Sie haben ihr geraten, das Kind in eine Schule für verhaltensgestörte Kinder zu geben."

„Ob das das richtige ist?" fragte Linda. „Aber vielleicht sollte Teddy so lange der Schule fernbleiben, bis die Sache mit Sparky aus der Welt geschafft ist."

Der Tierarzt schüttelte den Kopf. „Nein, Linda, das ist keine Lösung. Der Schuldirektor, Fräulein Vickers und Sparkys Mutter sind sich über den Ernst der Situation im klaren, und ich bin sicher, daß sie eine Lösung finden werden. Selbstverständlich wird Teddy weiterhin zur Schule gehen. Aber jetzt solltest du Toby sagen, daß er für Walter einen Käfig bereitstellt. Und sag Herrn Felton, daß seine Taube ein paar Tage hierbleiben muß. Ich werde ihn anrufen, wenn er sie wieder abholen kann."

Als Linda zurückkam, half sie ihrem Vater bei der Behandlung von Walters Flügel.

Nachdem der letzte Patient gegangen war, ging auch Pat Dempwolf, Doktor Taylors Sprechstundenhilfe, nach Hause. Toby machte noch sauber und verließ dann ebenfalls den Tier-Treff. Linda ging noch rasch in den Stall, um ihren grauen Wallach zu begrüßen. Ghost war für sie das schönste Pferd auf Erden, und es gehörte ihr allein, denn sie hatte es mit ihren gesamten Ersparnissen seinem früheren Besitzer abgekauft. Ghost verdankte Linda sein Leben, denn da er anfing zu erblinden, hatte sein Besitzer beschlossen, ihn einzuschläfern.

Als das Pferd Linda erblickte, wieherte es vor Freude.

„Hallo, Ghost", begrüßte Linda den Wallach und legte die Arme um seinen Hals. „Hast du mich schon vermißt?"

Ghost schnaubte leise und berührte mit seinen Nüstern Lindas Schulter. Linda lachte und streichelte sein weiches, seidiges Fell. „Ich weiß, was du möchtest", sagte sie und bückte sich, um einen Apfel aus ihrer Tasche zu nehmen. „Mal sehen, wie schlau du bist", fügte sie hinzu. Sie versteckte den Apfel in einer Hand und streckte Ghost beide Fäuste entgegen. „Wo ist er?" fragte sie.

Ghost schnupperte zuerst an der einen Hand, dann an der anderen, und als er den Apfel entdeckt hatte, schnappte er vorsichtig danach.

„Kluges Tier", lobte Linda ihn. „Du siehst zwar nicht mehr gut, aber dein Geruchssinn funktioniert bestens." Sie gab ihm noch einen Apfel und ein paar Karotten.

„Hast du noch was übrig?" hörte Linda Mike Stricklers Stimme hinter sich. Mike arbeitete seit vielen Jahren im Tier-Treff und betreute die Tiere nach Praxisschluß, schwere Fälle auch während der Nacht. Linda hatte ihn gar nicht kommen hören und lächelte ihn überrascht an. Sie konnte diesen kleinen, alten Mann gut leiden, denn er war ein ebenso großer Tiernarr wie sie.

„Ein paar Karotten habe ich noch. Sind Sie hungrig, Mike?" fragte sie lachend.

„Dein Geruchssinn funktioniert jedenfalls gut", sagte Linda zu Ghost und hielt ihm eine Karotte hin

„I wo! Ich habe gerade zu Abend gegessen. Es gab gegrilltes Huhn. Mach doch nicht deshalb gleich so ein Gesicht, Linda! Nur weil *du* kein Fleisch ißt, sind die anderen noch lange keine Kannibalen“, sagte Mike grinsend. „Ich habe mein Leben lang Fleisch gegessen und bin so gesund wie dieses Pferd hier. Ja, ich habe immer Fleisch gegessen und werde einhundertzwölf Jahre an meinem nächsten Geburtstag!“

„Aber Mike, kein Mensch wird so alt!“ sagte Linda.

„Manche Leute schon“, erwiderte Mike. „Vielleicht habe ich mich auch um ein oder zwei Jahre geirrt. Es kann durchaus sein, daß ich bereits einhundertdreizehn bin.“

Linda kicherte. „Sagen Sie schon, Mike, wie alt Sie wirklich sind!“ Sie und ihre beiden Geschwister hatten sich schon immer gefragt, wie alt Mike sein mochte, aber er wollte es ihnen nicht verraten.

„Ich weiß es, und du mußt es herausfinden“, antwortete er und lächelte verschmitzt.

Linda gab ihm die restlichen Karotten. „Da, wem wollen Sie die denn geben?“ fragte sie.

„Dem Kälbchen zwei Boxen weiter. Das arme Ding hat niemanden, mit dem es sich unterhalten kann. Außerdem sieht es durch die Flechte ganz verunstaltet aus. Vielleicht kann ich ihm mit den Karotten eine kleine Freude machen.“

„Mir tut das arme Tier auch leid“, sagte Linda. „Ich würde gern zu ihm gehen, aber die Flechte ist nicht nur für Rinder ansteckend, sondern auch für Menschen. Passen Sie ja auf, Mike!“

„Mir brauchst du keine Ratschläge zu geben“, sagte Mike leicht pikiert. „Ich betreue kranke Tiere seit ewigen Zeiten. Mindestens zehnmal so lange, wie du alt bist."

„Dann wären Sie über einhundertdreizehn Jahre alt, Mike", stellte Linda lachend fest.

„Stimmt", sagte Mike, „aber in Wirklichkeit bin ich nicht ganz die Hälfte davon. Ach, ich sollte dir von deinem Vater ausrichten, daß er fertig ist und nach Hause fahren möchte."

„Ich bin auch fertig", meinte Linda und gab Ghost zum Abschied einen liebevollen Klaps. „Gute Nacht, Ghost", sagte sie. „Bis morgen. Wenn es nicht regnet, reiten wir aus." Dann verabschiedete sie sich von Mike und rannte aus dem Stall. Ihr Vater wartete bereits im Auto auf sie. Er hatte ihr Fahrrad in den Kofferraum gelegt.

„Ich frage mich, wie es Teddy heute ergangen ist", sagte sie zu ihrem Vater, als sie neben ihm Platz genommen hatte.

„Hoffentlich besser", erwiderte Doktor Taylor.

„Wir werden es ja sehen, wenn wir zu Hause sind."

Daheim angekommen, empfing Frau Racer sie mit besorgter Miene. „Stellen Sie sich vor, Doktor", sagte sie, „Teddy ist nach der Schule nicht nach Hause gekommen! Das ist zwar nichts Ungewöhnliches, aber spätestens um fünf ist er immer zurück gewesen. Jetzt ist es schon sechs vorbei, und er ist immer noch nicht da."

Doktor Taylor überlegte einen Augenblick, dann fragte er die Haushälterin: „Haben Sie schon bei Eric oder Billy angerufen?"

„Natürlich", erwiderte Frau Racer. „Sie haben ihn nach der Schule nicht mehr gesehen. Aber Billy sagte, Teddy habe schon wieder mit Sparky gerauft und Teddy sei danach ziemlich mutlos gewesen."

„Vielleicht ist er wirklich fortgelaufen", mischte Erin sich ein. Sie saß auf der Treppe, das Kinn auf die Hände gestützt. „Paps, du mußt was gegen diesen Sparky unternehmen!" sagte sie.

„Ja, das werde ich wohl tun müssen", erwiderte ihr Vater, „zumal bis jetzt noch niemand etwas unternommen hat. Aber wichtiger ist, daß wir Teddy finden."

„Du glaubst doch nicht, daß er weggelaufen ist, nicht wahr, Paps?" fragte Linda ihren Vater.

„Nicht nach Kalifornien", erwiderte dieser. „Aber es würde mich nicht wundern, wenn er sich irgendwo in der Umgebung versteckt hält. Kommt, wir gehen ihn suchen! Ich rufe aber vorher noch bei Billy und Eric an, vielleicht ist er inzwischen bei einem von ihnen aufgetaucht. Wartet, ich bin gleich zurück."

Doch weder Billy noch Eric konnten Doktor Taylor weiterhelfen. Sie gaben ihm noch die Telefonnummern von ein paar anderen Jungen, aber auch die hatten Teddy nicht gesehen.

Plötzlich ertönte vor dem Haus eine Autohupe.

„Das wird mein Sohn Henry sein", sagte Frau Racer. „Ich muß leider gehen. Der arme Junge! Hoffentlich ist ihm nichts zugestoßen. Vielleicht ist er gekidnappt worden? Das liest man doch oft in den Zeitungen. Gerade neulich wurde ein kleines Mädchen ..."

„Frau Racer, beruhigen Sie sich", sagte der Tierarzt. „Es hat keinen Sinn, daß Sie sich in etwas hineinsteigern. Ich bin sicher, Teddy ist nichts passiert. Und sobald er wieder zu Hause ist, werde ich Sie anrufen. Das verspreche ich Ihnen."

„Danke, Doktor. Aber vergessen Sie es nicht“, sagte die Haushälterin mit einem tiefen Seufzer. „Ich werde keine Minute ruhig sein, solange ich nicht weiß, daß Teddy wieder wohlbehalten nach Hause zurückgekehrt ist.“

„Versprochen, Frau Racer“, sagte Linda und gab ihr einen Kuß auf die Wange. „Wir werden Sie anrufen.“

Die Autohupe ertönte zum zweitenmal.

„Wo habe ich nur meine Handtasche?“ stöhnte die Haushälterin. „Ich bin so schrecklich durcheinander.“

Erin brachte Frau Racer die Tasche, und Linda holte ihren Mantel. Dann begleitete Doktor Taylor sie zum Wagen.

„Komm, Erin“, sagte Linda. „Wir suchen Teddy. Du gehst den Mapleweg entlang und ich unsere Straße. Wir treffen uns in einer Viertelstunde vor dem Hauseingang wieder.“

Erin warf sich einen Anorak über und setzte die Kapuze auf, denn es regnete leicht. Dann liefen die beiden los.

Linda suchte Teddy zuerst in seinem Baumhaus, dann in der Garage. Aber vergebens. Dann ging sie die Straße entlang, in der das Haus der Taylors stand, und warf einen Blick in jeden Hof und hinter jedes Gebüsch. Sie hoffte, jemandem zu begegnen, den sie nach Teddy fragen konnte, aber weit und breit war kein Mensch zu sehen. Es regnete, und außerdem waren die meisten Leute wohl beim Abendessen. Lindas Sorge wuchs. Sie wußte, wie hungrig Teddy abends war und daß er es kaum erwarten konnte, sich an den gedeckten Tisch zu setzen. Es mußte ihm also wirklich etwas zugestoßen sein, wenn er nicht einmal zum Abendessen erschien.

Auch Erin hatte kein Glück gehabt. „Glaubst du, Frau

Racer hat recht, wenn sie meint, Teddy könnte gekidnappt worden sein?“ fragte sie besorgt.

„Nein, ganz ausgeschlossen“, erwiderte Linda. „Jetzt mal nicht gleich den Teufel an die Wand!“ Als sie merkte, daß sie etwas zu schroff zu ihrer Schwester gewesen war, fügte sie rasch hinzu: „Tut mir leid, Erin, aber du solltest nicht gleich das Schlimmste befürchten. Ich glaube, Teddy hat wieder einmal Streit mit Sparky gehabt, und deshalb wollte er nicht heimkommen.“

„Wie weit kann er denn ohne Geld kommen?“ wollte Erin wissen. „Vielleicht hat er vorher sein Sparschwein geplündert? Wir sollten es uns mal ansehen. Er sagte mir neulich, daß er etwa zehn Dollar gespart habe. Komm, laß uns gleich nachsehen.“

„Gute Idee“, sagte Linda. „Mit zehn Dollar wird er nicht weit kommen, höchstens mit dem Bus nach Harrisburg.“

Auf dem Weg zu Teddys Zimmer begegneten sie ihrem Vater, der bereits vor ihnen diesen Einfall gehabt hatte. Er sagte, Teddys Sparschwein wäre voller Münzen, aber dafür seien sein Schlafsack und sein Pfadfinder-Geschirr verschwunden, ebenso Kuschel-Wuschel. „Ich vermute, er kampiert im Freien“, sagte der Tierarzt. „Vielleicht ist er im Wald-Park. Er hat dort einmal mit den Pfadfindern an einem Wochenende übernachtet. Kommt, laßt uns mit dem Wagen hinfahren!“

„Dürfen wir Jocko und Sunshine mitnehmen?“ erkundigte sich Linda. „Sie sind zwar keine Spürhunde, aber sie können uns bei der Suche sicher behilflich sein.“

„Ja, natürlich“, meinte ihr Vater. „Mir wäre es fast lieber, wenn einer von uns zu Hause bliebe, für den Fall, daß Teddy anrufen sollte. Aber da er sich bis jetzt nicht gerührt hat, nehme ich an, daß er es auch später nicht tun wird. Hol jetzt die Hunde, Linda. Und du, Erin, nimm Teddys Anorak mit. Er wird ihn sicherlich brauchen."

Wenige Minuten später saßen alle in dem Kombiwagen und fuhren in Richtung Wald-Park.

Plötzlich rief Erin: „Halt, Paps! Bleib stehen!"

Der Tierarzt hielt den Wagen an. „Was ist los?" fragte er Erin.

„Dort drüben bauen sie ein Haus, siehst du?" sagte Erin und zeigte mit dem Finger auf einen Rohbau.

Linda schaute ihre Schwester verständnislos an. „Na und?" fragte sie. „Mußte deshalb Paps so scharf bremsen?"

„Ich verstehe dich auch nicht, Erin", sagte ihr Vater.

„Ich weiß, daß Teddy und seine Freunde dort schon öfter nach der Schule, wenn die Arbeiter nach Hause gegangen waren, gespielt haben. Sie spielen in den Kellerräumen Verstecken." Erin sah ihren Vater an. „Ich mußte ihm versprechen, daß ich dir nichts davon erzähle, denn er hatte Angst, du könntest es ihm verbieten, weil es gefährlich ist. Aber es ist wirklich ganz ungefährlich."

„Da hat er recht, ich hätte es ihm sicher verboten", erwiderte ihr Vater. „Du hättest es mir trotzdem sagen müssen, Erin. Glaubst du wirklich, daß er sich dort versteckt hat?"

„Ja, ich bin mir ganz sicher", sagte Erin und öffnete die Wagentür, um auszusteigen. „Komm, Linda, wir sehen mal nach!" schlug sie ihrer Schwester vor.

Linda sprang aus dem Wagen, und gleich darauf folgten Sunshine und Jocko. Die beiden Hunde rannten sofort auf den Rohbau zu, und Jocko begann laut zu bellen, als er vor einem Kellerfenster stand und hinunterspähte. Sunshine war ihm gefolgt und wedelte lebhaft mit dem Schwanz.

Plötzlich hörte Linda Teddys Stimme. „Geht weg, ihr beiden! Verschwindet!“ rief der Junge vom Keller herauf. „Wie habt ihr mich überhaupt gefunden?“

Erin und Linda spähten durch das Kellerfenster. Es war ziemlich dunkel, aber trotzdem konnten sie Teddys kleine Gestalt erkennen.

„Teddy, du kommst sofort rauf!“ befahl Linda ihrem Bruder. Ihre Stimme klang strenger, als sie es wollte, aber das kam von der Angst, die sie seinetwegen ausgestanden hatte. Sie wußte auch nicht, ob sie ihn in die Arme nehmen oder ihm eine Ohrfeige verpassen sollte.

„Paps wartet im Auto auf uns“, sagte Erin zu Teddy.

„Nein, ich will nicht mitkommen!“ protestierte der Junge. „Ihr könnt mich nicht dazu zwingen. Ich will nicht mehr in die Schule gehen, solange Sparky da ist. Ich hasse Sparky, und ich hasse die Schule! Ich will hierbleiben!“

„Teddy, zu Hause wartet ein knuspriges Brathuhn auf dich“, sagte sein Vater, der inzwischen auch gekommen war. „Und dazu gibt es Kartoffelbrei, und ich glaube, eine köstliche Nachspeise gesehen zu haben: Vanilleeis mit Schokoladenplätzchen.“

„Schokoladenplätzchen mit Vanilleeis?“ fragte Teddy mit schwacher Stimme, die Linda verriet, daß ihr Bruder ziemlich hungrig sein mußte.

„Ja, ganz große, mit Walnüssen oben drauf“, sagte sie. „So wie du sie am liebsten hast. Wenn du nicht mit uns kommst, werden wir einen Teil davon an die Hunde verfüttern müssen, denn so viele schaffen wir nie im Leben.“

Gleich darauf hörte sie unten im Keller eilige Schritte,

und Sekunden später tauchte Teddy mit dem Schlafsack unter dem einen Arm und Kuschel-Wuschel unter dem anderen Arm auf. Außerdem hatte er sein Pfadfindergeschirr bei sich.

Linda nahm ihm den Schlafsack ab, und Erin trug das Pfadfindergeschirr.

Doktor Taylor faßte Teddy an der Hand, als sie zum Auto zurückgingen. „Komm schon, mein Junge", sagte er streng. „Es ist Essenszeit. Und anschließend möchte ich mit dir ein ernstes Wort reden."

Charly darf nicht sterben

Am nächsten Morgen fuhr Doktor Taylor Teddy und Erin zur Schule. Obwohl Teddy sich heftig dagegen wehrte, daß sein Vater mit Fräulein Vickers und Herrn Stauffer sprechen wollte, damit gegen Sparky etwas unternommen wurde, ließ sich der Tierarzt nicht von seinem Vorhaben abbringen. Er hatte sich sogar vorgenommen, mit Sparky selbst zu reden.

„Paps, du machst dadurch alles nur noch schlimmer", redete Teddy auf seinen Vater ein. „Warum können wir nicht nach Alaska auswandern? Ich bin sicher, die können dort Tierärzte gebrauchen."

„Teddy, wir ziehen nicht nach Alaska und auch nicht woanders hin, hast du verstanden? Wir bleiben hier und werden die Sache mit Sparky ein für allemal aus der Welt schaffen", sagte sein Vater bestimmt.

„Du wirst sehen, es kommt alles in Ordnung", meinte

Erin zu Teddy. „An deiner Stelle wäre ich froh, wenn Paps für mich die Sache in die Hand nehmen würde. Ich verstehe dich wirklich nicht."

Teddy gab keine Antwort, sondern saß zusammengekauert auf dem Rücksitz und machte ein so unglückliches Gesicht, als hätte er seinen besten Freund verloren.

Als Linda am Nachmittag in der Tierklinik eintraf, berichtete ihr Vater, daß er sowohl mit Teddys Klassenlehrerin als auch mit dem Schuldirektor gesprochen hatte. Sie hatten sich geeinigt, sich am Montagmorgen mit Sparkys Mutter zusammenzusetzen. Es sollte dann geklärt werden, ob Sparky in Teddys Klasse bleiben würde oder ob er in eine Schule für verhaltensgestörte Kinder kommen sollte.

Da nicht viele Patienten im Wartezimmer waren und Toby dem Tierarzt assistierte, konnte Linda für eine Stunde mit Ghost ausreiten. Anschließend rieb sie sein Fell trocken und ließ ihn noch auf der an die Tierklinik angrenzenden Koppel herumlaufen. Als sie in die Praxis zurückkam, sagte ihr Pat, die Sprechstundenhilfe, daß sie ausnahmsweise früher gehen müßte, weil ihre Enkeltochter Tiffany ihren dritten Geburtstag hatte. So setzte sich Linda auf Pats Platz und nahm die Telefonanrufe entgegen. Sie war nicht sehr glücklich darüber, denn sie kümmerte sich viel lieber um die Tiere, aber es gehörte auch zu ihren Aufgaben, für Pat einzuspringen.

Da klingelte das Telefon. Linda nahm den Hörer ab. „Tierarztpraxis Doktor Taylor, guten Tag", meldete sie sich.

„Kann ich mit dem Tierarzt sprechen?" fragte eine Kinderstimme, die ziemlich besorgt klang.

„Tut mir leid, aber Doktor Taylor ist im Augenblick nicht zu sprechen“, erwiderte Linda. „Kannst du mir sagen, worum es geht?“

Am anderen Ende der Leitung herrschte einen Augenblick lang Schweigen. Dann sagte die Kinderstimme: „Es ist wegen Charly, das ist mein Kater. Er ist krank.“

„Und was fehlt ihm?“ fragte Linda und nahm den Notizblock zur Hand.

„Es geht ihm sehr schlecht“, sagte das Kind mit weinerlicher Stimme. „Als ich von der Schule heimkam, sagte mir Frau Wilson – das ist unsere Haushälterin –, daß Charly nicht fressen wollte. Weder am Morgen noch zu Mittag. Sie sagte, daß er die ganze Zeit nur dagelegen und schwer geatmet hat. Und aus seinen Augen kommt eine gelbe Flüssigkeit und ... Ich habe solche Angst, daß er stirbt! Kann der Doktor nicht zu uns kommen und ihn sich ansehen?“

Linda, die alles notiert hatte, was das Kind ihr gesagt hatte, überlegte einen Augenblick und meinte schließlich: „Das ist leider ganz unmöglich, er hat zu tun. Aber könntest du nicht mit Charly hierherkommen?“

„Nein, das geht nicht“, sagte die Kinderstimme. „Frau Wilson hat kein Auto, und meine Mama ist in der Arbeit. Und ich darf nicht allein mit dem Bus fahren. Und selbst wenn ich es dürfte, so wüßte ich nicht, welchen Bus ich nehmen muß. Wir wohnen nämlich noch nicht lange in Essex. Aber Charly ist wirklich sehr krank. Er braucht einen Arzt. Kann Doktor Taylor wirklich nicht kommen? Meine Mama zahlt alles. Sie verdient viel Geld. Das können Sie mir glauben.“

„Sag mir deinen Namen und deine Adresse. Doktor

Taylor wird bei euch vorbeikommen, sobald er Zeit hat", versprach Linda.

„Ich bin Phil Sparks und wohne in der Walnußstraße 713", sagte das Kind, und Linda merkte an seiner Stimme, wie erleichtert es war. „Wie lange wird es etwa dauern, bis der Doktor kommt?"

Linda überlegte eine Sekunde lang. Sparks? Hatte sie richtig gehört? „Hast du Sparks gesagt?" hakte sie nach. „Sparks wie in Sparky?"

„Ja, ganz richtig", sagte das Kind. „Aber auf dem Namensschild steht Alison Sparks. Das ist meine Mama. Mein Papa wohnt nicht bei uns. Meine Eltern sind seit einem Jahr geschieden. Papa lebt in York. Er hat wieder geheiratet. Wann glauben Sie denn, daß der Doktor kommen wird?"

„Sobald er mit den anderen Patienten fertig ist", erwiderte Linda. „Sag, Phil..."

„Nennen Sie mich doch Sparky! Das tun alle."

Das darf doch nicht wahr sein! dachte Linda. Es ist ein und dasselbe Kind. Nachdem sie sich wieder gefaßt hatte, sagte sie: „In welche Schule gehst du denn, Sparky?"

„Auf die Jackson-Schule. Oh, ich hasse diese Schule! Die Kinder sind schrecklich gemein dort. Hätten sich meine Eltern doch nicht scheiden lassen! Dann würden wir noch in York wohnen, und ich wäre in meiner alten Schule... Dort hatte ich eine Menge Freunde. Aber hier in Essex bin ich ganz allein. Ich wette, Charly wäre nicht krank geworden, wenn wir noch in York wären. Er vermißt auch seine Freunde."

„Das kann schon sein", erwiderte Linda verwirrt.

Sie konnte es noch immer nicht fassen, daß sie mit dem

großen Raufbold Sparky sprach. „Hör zu, Sparky, ich gebe alle Informationen an Doktor Taylor weiter, und er wird zu dir kommen, sobald er Zeit hat. Bis dahin gib Charly etwas Wasser oder Milch zu trinken, wenn er noch immer nichts fressen will. Sollte er nicht von alleine trinken, dann gib ihm das Wasser mit einer Pipette. Wenn er gar nichts trinkt, kann er nämlich Krämpfe bekommen."

„Ja, ich werde alles tun, was Sie sagen", versprach Sparky. „Aber ich glaube nicht, daß er essen oder trinken will. Seine Nase ist so verstopft, daß er kaum atmen kann. Ich wollte ihm am Nachmittag Sardinen geben – die mag er besonders gern –, aber er hat keine einzige angerührt. Wahrscheinlich kann er sie gar nicht riechen. Glauben Sie nicht auch?"

„Da hast du recht", sagte Linda. „Versuch es trotzdem mit etwas Flüssigkeit. Doktor Taylor wird in etwa einer Stunde bei euch sein."

„Vielen Dank", sagte Sparky, und seine Stimme klang schon viel zuversichtlicher. „Vielleicht hat Charly nur eine Erkältung. Und dann muß er doch nicht sterben, nicht wahr?"

„Natürlich nicht", beruhigte Linda ihn. „Übrigens, ich bin Doktor Taylors Assistentin. Ich komme auch zu euch."

„Okay, dann in einer Stunde. Bitte, beeilen Sie sich!"

„Wir kommen so rasch wie möglich." Linda legte den Hörer auf. „Das darf doch nicht wahr sein!" sagte sie laut vor sich hin.

„Was ist los?" wollte Toby wissen, der zur Tür hereingekommen war. „Warum schaust du so komisch drein?"

4 9875-8

„Weil mir was Komisches passiert ist", erwiderte Linda. „Rate mal, wer soeben angerufen hat."

„Wie soll ich das wissen?" sagte Toby. „Erzähl schon!"

„Es war Sparky!"

„Sparky? Wer ist Sparky?" fragte Toby verwundert.

„Der Junge natürlich, der Teddy geschlagen hat. Erinnerst du dich nicht mehr?" sagte Linda mißmutig.

„Ach, dieser Sparky? Bist du ganz sicher?"

„Wie viele Sparkys kann es schon geben, die in die Jackson-Schule gehen und erst seit ein paar Wochen in Essex wohnen? Sein Kater ist krank, und ich fahre mit Paps zu ihm, sobald der letzte Patient gegangen ist. Ich bin gespannt darauf, diesen Sparky kennenzulernen."

„Was wirst du ihm sagen? Du könntest Teddy rächen, indem du seine Katze vergiftest", sagte Teddy und grinste.

„Du bist wirklich geschmacklos, Toby", wies Linda ihn zurecht. „Wir kümmern uns selbstverständlich um seinen Kater. Er scheint ernstlich krank zu sein. Sparky war sehr besorgt um ihn. Und ein Kind, das sich um ein Tier so große Sorgen macht, kann nicht wirklich böse sein."

„Vielleicht ist der Kater krank, weil er von Sparky verprügelt wurde?" meinte Toby.

„Davon hätte Charly keine verstopfte Nase, Atemnot und verklebte Augen", klärte Linda Toby auf. „Nein, Sparky ist wirklich um den Kater besorgt. Es klang ganz so, als wäre das Tier sein einziger Freund. Und Sparky hat sicher keine Freunde in der Schule."

„Du hast noch immer nicht meine Frage beantwortet. Was wirst du ihm sagen? Daß er Teddy ein für allemal in Ruhe lassen soll?" wollte Toby wissen.

„Klar werde ich das. Und Paps wird es ihm auch sagen."

Sie erinnerte sich wieder an Teddys ängstliche Stimme, wenn er von Sparky sprach, und ihr war gar nicht wohl bei dem Gedanken, daß sie Sparky nun unter diesen Umständen gegenübertreten würde. Phil Sparks tat ihr leid, aber mit seinem Kater empfand sie größeres Mitleid.

„Bitte, geh ans Telefon, falls wer anruft", sagte sie zu Toby. „Ich gebe nur Paps Bescheid, daß er noch einen Hausbesuch zu machen hat."

„Also hier wohnt dieses kleine Monster aus der dritten Klasse", sagte Doktor Taylor, als er seinen Kombiwagen in der Walnußstraße vor dem Haus Nummer 713 parkte. Es war ein roter Ziegelbau mit einer dunkelgrün gestrichenen Eingangstür, zu der eine Steintreppe führte. Auf der linken Seite des Hauses befand sich ein Gartentor, hinter dem ein Kiesweg zu einem grünen Hinterhof führte.

Während Linda aus dem Wagen stieg, stellte sie die gleiche Frage an ihren Vater, die Toby an sie gerichtet hatte: „Was wirst du ihm sagen?"

„Du meinst wegen Teddy?" fragte ihr Vater. „Ich habe noch nicht darüber nachgedacht." Er stieg die Treppe zum Eingang hinauf und klingelte. „Zuerst sehe ich mir den Kater an. Schließlich sind wir deshalb gekommen. Dann können wir mit Sparky über Teddy reden."

Linda nickte.

Eine kleine, rundliche Frau öffnete ihnen die Tür. „Ja?" sagte sie und sah Doktor Taylor und Linda fragend an. Dann fiel ihr Blick auf die Instrumententasche des Tierarztes. „Ah, Sie sind es, Doktor", sagte die Frau. „Guten Tag. Bitte, treten Sie ein! Schön, daß Sie gekommen sind. Phil ist untröstlich wegen Charly." Erst jetzt bemerkte sie

*Sparky war sehr besorgt um ihren Kater Charly,
der teilnahmslos in seinem Korb lag*

Linda, denn sie fragte erstaunt: „Und wer bist du?"
„Das ist meine Tochter Linda. Sie ist meine Assistentin", stellte der Tierarzt Linda vor, bevor diese antworten konnte. „Wo ist der Kater?"
„In der Küche. Bitte folgen Sie mir. Ich bin Frau Wilson, die Haushälterin. Phil ist bei Charly."
Der Tierarzt und Linda folgten Frau Wilson in die Küche. Linda entdeckte sofort die noch nicht ausgepackten Umzugkartons, die in einer Ecke der Küche standen.
„Phil, der Doktor ist da!" rief die Haushälterin.
Lindas Augen weiteten sich, als die kleine, auf dem Boden kauernde Gestalt sich erhob und auf sie zukam. Als erstes fielen ihr zwei lustige, braune Zöpfe auf, die mit roten Schleifen zusammengehalten wurden. Große braune Augen über einer mit Sommersprossen übersäten Nase schauten sie an. Das Mädchen war bekleidet mit einem blauen T-Shirt und verwaschenen Jeans. Dazu trug sie weiße Turnschuhe.
„Sparky?" fragte Linda erstaunt.
„Ja, das bin ich. Und das ist Charly", erwiderte das Kind und zeigte mit der Hand auf den Kater, der in einem Korb auf dem Küchentisch lag. Die Augen des kranken Tieres waren geschlossen, und sein Atem ging rasch und oberflächlich.
„Du bist ja ein Mädchen!" stellte Linda zu ihrer großen Verwunderung fest.
„Sie werden doch meinen Charly wieder gesund machen, Doktor, nicht wahr?" fragte Sparky besorgt. „Er ist mein bester Freund. Er wird doch nicht sterben?"
„Ich hoffe nicht, Sparky", erwiderte der Tierarzt und stellte seine Tasche auf den Boden. „Linda, bitte halte den

Kater. Ich werde ihn sofort untersuchen. Was für ein prächtiges Tier!"

„Paps, Sparky ist ja ein Mädchen!" wiederholte Linda.

„Na und?" meinte der Tierarzt. „Linda, hältst du jetzt den Kater fest oder nicht?"

„Ja, natürlich", sagte Linda und nahm den Kater aus dem Korb heraus. Ihre Gedanken überschlugen sich. Jetzt verstand sie, warum Teddy sich so gesträubt hatte, mehr über Sparky zu erzählen. Er betrachtete es als eine Schmach, von einem Jungen, der in der Schule neu war, verprügelt zu werden, aber von einem Mädchen geschlagen zu werden war für ihn noch viel schlimmer. Die Kinder in seiner Klasse mußten ihn sicher ausgelacht haben, dachte Linda. Kein Wunder also, wenn er am liebsten nach Alaska ausgewandert wäre.

Sparky stand erwartungsvoll neben dem Tierarzt. „Sehen Sie, wie seine Augen verklebt sind?" sagte sie. „Wir haben sie ihm schon mehrere Male gereinigt, aber das nützt nichts. Und sein Atem geht auch so schwer. Manchmal ist es, als würde er gar nicht mehr atmen. Er ist noch gar nicht alt. Erst acht, genau wie ich. Katzen werden doch viel älter, nicht wahr?"

„Ja, natürlich", erwiderte Doktor Taylor und untersuchte Charlys Augen. „Besonders große, kräftige Kater wie dieser hier leben ziemlich lange", erklärte er dem Mädchen. „Wir haben auch einen Kater zu Hause. Er gehört meiner Tochter Linda. Ach, ich habe dir Linda noch gar nicht vorgestellt. Ihr Kater heißt Cleveland. Ich glaube, er ist genauso groß wie Charly, nicht wahr, Linda?"

„Ja, ich denke schon", erwiderte Linda etwas zerstreut,

denn sie konnte es noch immer nicht fassen, daß Sparky ein Mädchen war. „Wie heißt du wirklich?" fragte sie deshalb. „Du sagtest am Telefon, daß du eigentlich Phil heißt. Aber das ist ein Jungenname."

Sparkys Wangen röteten sich ein wenig, als sie sagte: „Das ist nicht mein richtiger Name."

„Wie heißt du dann?" wollte Linda wissen.

Sparky schluckte ein paarmal, ehe sie sagte: „Ich heiße eigentlich Philomena. Aber alle nennen mich Phil. Oder Sparky. Mir gefällt Sparky besser. In der Schule nennen sie mich auch Sparky. In York habe ich viele Freunde gehabt, aber hier mag mich niemand. Doch das ist mir egal, denn ich mag auch niemanden."

„Und warum mag dich niemand?" fragte der Tierarzt und öffnete Charlys Maul, um seine Kehle untersuchen zu können.

„Weil ich mich mit jedem anlege", erwiderte Sparky. „Wissen Sie schon, was ihm fehlt, Doktor?"

„Nein, noch nicht. Aber ich werde es bald wissen. Linda, ich möchte eine Blutprobe machen. Bitte nimm die Spritze aus der Tasche."

Linda holte die Spritze und hielt dann den Kopf des Katers fest, während ihr Vater ihm Blut abnahm. Charlys Ohren fühlten sich heiß an, ebenso seine Nase. Er hatte hohes Fieber. Linda warf ihrem Vater einen besorgten Blick zu.

„Ich befürchte, er hat Fieber", sagte ihr Vater. Dann wandte er sich an Sparky: „Meine Tochter hat mir gesagt, daß Charly erst seit heute krank ist. Stimmt das?"

„Ja, das ist richtig", sagte Frau Wilson, die die ganze Zeit schweigend in einer Ecke gestanden hatte.

„Als ich heute morgen wegging, war er noch ganz gesund“, erzählte Sparky. „Zumindest sah man ihm nichts an. Er wollte nur nichts fressen. Aber ich dachte mir nichts dabei, denn er hat noch eine große Portion Leber vor dem Schlafengehen bekommen. Es war Hühnerleber, die mag er besonders gern.“

„Aber im Laufe des Tages ging es ihm schlechter“, mischte sich die Haushälterin ein. „Sparky, hör auf, an deinen Zöpfen zu knabbern! Du weißt, daß das deine Mutter nicht ausstehen kann.“

Sparky nahm das Zopfende aus dem Mund. „Ja, ich weiß“, sagte sie ungehalten. Dann streichelte sie Charlys dichtes, graues Fell, und ihre Augen füllten sich mit Tränen. „Sie sollten ihn sehen, wenn er gesund ist“, sagte sie mit zitternder Stimme. „Er ist so lieb und so lebhaft.“

„Das kann ich mir gut vorstellen“, sagte Linda. „Du wirst sehen, er wird bald wieder gesund sein. Mein Vater ist der beste Tierarzt von Essex.“ Auch wenn sie wußte, daß sie das kleine Monster aus der dritten Klasse – wie ihr Vater Sparky genannt hatte – vor sich hatte, so tat ihr die Kleine dennoch leid.

„Wo ist denn deine Mutter?“ erkundigte sich Doktor Taylor, während er die mit Blut gefüllte Spritze in seine Tasche legte.

„Sie ist im Büro“, erwiderte Sparky. „Ich habe Linda bereits am Telefon gesagt, daß sie einen sehr guten Job hat. Sie ist...“

„Steuerberaterin“, fiel Frau Wilson ihr ins Wort. „Sie wird etwa in einer halben Stunde zurück sein.“

„Ich möchte auch einmal Steuerberaterin werden“, erzählte Sparky.

„Da hast du dir ja viel vorgenommen", sagte Doktor Taylor. „Ich werde Charly jetzt eine Antibiotikumspritze geben, und dann lasse ich diese Medizin hier, von der er dreimal am Tag einen Kaffeelöffel voll bekommt. Außerdem muß er genügend Flüssigkeit zu sich nehmen. Und vielleicht frißt er doch etwas, wenn man ihm sein Lieblingsfutter gibt. Aber ja keine Sardinen. Sie sind zu salzig. Falls er nichts anrührt, so ist das noch lange kein Grund zur Aufregung. Er ist dick genug, um ein paar Tage ohne Futter auszukommen. Sparky, morgen nachmittag soll mich deine Mutter im Tier-Treff anrufen, damit wir einen Termin vereinbaren. Bis dahin habe ich auch das Ergebnis der Blutuntersuchung und werde dann genau wissen, was Charly fehlt."

„Soll ich ihm Nasentropfen geben?" fragte Sparky. „Seine Nase ist doch ganz verstopft."

„Nein, lieber nicht", meinte der Tierarzt. „Die Nasentropfen, die für uns bestimmt sind, sind zu stark für Katzen. Sie würden seine Nasenschleimhäute reizen. Alles, was du für ihn tun kannst, ist, sehr lieb zu ihm zu sein. Und vergiß nicht, ihm regelmäßig seine Medizin zu geben."

Linda reichte Phil ein Fläschchen mit einer rosafarbenen Flüssigkeit. „Einen halben Teelöffel, nicht mehr", erklärte sie dem Mädchen.

Sparky nickte. Dann schaute sie den Tierarzt an. „Herr Doktor, wird er bald gesund, oder meinen Sie, daß er sterben wird?" fragte sie. „Charly darf nicht sterben, er ist der einzige Freund, den ich habe."

Der Tierarzt strich über Sparkys Haare, um das Mädchen zu beruhigen. „Wir werden alles tun, um Charly wieder gesund zu machen. Das verspreche ich dir", sagte er. „Charly ist ein großer, kräftiger Kater und sicher ein zäher Bursche. Und du hast ihn sehr lieb, was sehr wichtig ist für ein Tier. Das bewirkt oft mehr als Medikamente. Vergiß nicht, deiner Mutter zu sagen, daß sie mich morgen vormittag anruft." Dann verabschiedete sich der Tierarzt von Frau Wilson. „Passen Sie gut auf Sparky und meinen kleinen Patienten auf", meinte er.

Linda schloß die Instrumententasche und nahm sie an sich. „Bis morgen, Sparky", sagte sie. „Vergiß nicht, mein Vater ist der beste Tierarzt von Essex. Mach dir also wegen Charly keine Sorgen."

Frau Wilson begleitete den Tierarzt und seine Tochter zur Tür. Sparky blieb bei Charly zurück und redete mit sanfter Stimme auf ihn ein.

Kaum saßen sie im Auto, sagte Linda zu ihrem Vater: „Es steht ziemlich schlecht um Charly, nicht wahr? Du glaubst doch auch nicht, daß es sich nur um eine Erkältung handelt?"

Der Tierarzt nickte. „Leider nein", sagte er.

„Ich frage mich, ob du das gleiche vermutest wie ich", sagte Linda.

„Und was vermutest du?" wollte ihr Vater wissen.

„Katzenleukämie", sagte Linda.

Der Tierarzt seufzte. „Ja, das ist auch meine Befürchtung. Nach der Blutuntersuchung werden wir es mit Sicherheit wissen. Sollte es tatsächlich Katzenleukämie sein, dann besteht wenig Hoffnung, daß Charly überlebt."

Linda traut ihren Augen nicht

Linda und ihr Vater beschlossen, mit keinem Wort zu Hause zu erwähnen, daß sie bei Sparky gewesen waren.

„Morgen ist Samstag, und da Teddy nicht zur Schule muß, kann es keinen Zwischenfall mit Sparky geben. Bis Montag habe ich mit Frau Sparks gesprochen und vielleicht auch mit Sparky. Jetzt, wo ich ihren Kater behandle, wird sich sicher eine Gelegenheit bieten, mit ihr über Teddy zu reden."

„Arme Sparky", sagte Linda. „Nach außen hin gibt sie sich hart und unnahbar, aber in Wirklichkeit ist sie sensibel und verletzlich. Ich kann gut nachfühlen, wie ihr jetzt zumute ist. Ich wäre auch untröstlich, wenn Cleveland Katzenleukämie hätte."

„Noch ist es nicht erwiesen, daß er sie hat", sagte ihr Vater. „Und was Cleveland anbelangt, so ist er gegen Leukämie geimpft. Ach, wie ärgerlich, ich habe ganz vergessen, Sparky nach Charlys Impfungen zu fragen. Aber ich war so erstaunt darüber, daß dieser Raufbold von Sparky sich als ein Mädchen entpuppte ... Vielleicht ist es sogar besser so, denn womöglich hätte sie sich dann noch mehr um Charly gesorgt. Ich kann ja morgen ihre Mutter danach fragen."

„Es gibt noch immer eine Menge Katzenbesitzer, die nicht wissen, daß es eine Impfung gegen Leukämie gibt", sagte Linda. „Dabei wäre es Sache des Tierarztes, die Leute darüber aufzuklären. Wir tun es doch auch."

„Aber nicht alle Katzenbesitzer befolgen unseren Rat", meinte Doktor Taylor. „Sie denken, Katzenleukämie ist eine sehr seltene Krankheit und ihre Katze würde sie nie bekommen. Leider entspricht das nicht der Realität."

Mittlerweile waren sie zu Hause angekommen. Doktor Taylor stellte den Motor ab. „Vergiß nicht, ja kein Wort zu Teddy und den anderen! Wir sagen nur, daß wir zu einer kranken Katze fahren mußten. Und laß dich auf keine weiteren Fragen ein."

Linda nickte. „Versprochen, Paps. Übrigens, darf ich nach dem Abendessen noch zu Jill gehen? Sie hat mich gefragt, ob ich bei ihr übernachte. Ihre Eltern haben nichts dagegen. Ich wollte dich eigentlich schon früher fragen, aber in der Aufregung habe ich es vergessen."

„Natürlich hab' ich nichts dagegen", erwiderte ihr Vater.

Dann stiegen sie aus dem Kombi aus und gingen auf den Hauseingang zu. „Darf ich Jill die Sache mit Sparky erzählen?" fragte Linda, bevor sie eintraten. „Sie wird sie sicher nicht weitererzählen, das verspreche ich dir. Aber ich muß mit jemandem darüber reden. Du weißt doch, daß ich kein Geheimnis für mich behalten kann."

Ihr Vater zögerte, bevor er sagte: „Meinetwegen, aber kein Wort zu Teddy!"

„Kein Wort zu Teddy? Worum geht es denn?" überfiel Teddy sie im Flur.

Doktor Taylor lachte verschmitzt und sagte zu Linda: „Verflixt, jetzt müssen wir es ihm doch sagen."

„Ist das dein Ernst?" fragte Linda erstaunt.

„Ja, ich sage es ihm", erwiderte ihr Vater. „Es sollte zwar eine Überraschung sein, aber ich glaube, jetzt muß ich es ihm sagen: Teddy, ich lade euch alle nach dem Abendessen in die *Curran's Eisdiele* ein." Dann wandte er sich an Linda: „Du kannst natürlich auch Jill mitbringen."

„Au, fein, da wird sie sich aber freuen", sagte Linda.

„Darf Billy auch mitkommen?" wollte Teddy wissen.

„Warum nicht?" entgegnete sein Vater. „Alle Taylors und ihre Freunde sind herzlich eingeladen."

„Toby hat wirklich ein Glück, daß sein Vater einen Eissalon hat", meinte Teddy und stürzte davon, um Erin die Neuigkeit mitzuteilen.

Linda sah ihren Vater vorwurfsvoll an. „Paps, du hast ja gelogen!" sagte sie leise.

Ihr Vater zuckte die Achseln. „Es war nur eine Notlüge, um Teddy eine peinliche Situation zu ersparen", meinte er. „Aber um ehrlich zu sein, es war gar keine Lüge, denn ich hatte wirklich vor, euch alle auf ein Eis einzuladen."

Linda lachte und meinte: „Okay, Paps, die Hauptsache ist, wir verbringen einen schönen Abend."

„Ja, das meine ich auch", erwiderte ihr Vater. Er legte seinen Arm um ihre Schultern und drückte ihr einen Kuß auf die Wange.

Nachdem alle ihren Eisbecher ausgelöffelt hatten, brachen Linda und Jill als erste auf. Sie saßen noch lange in Jills Wohnung beisammen und unterhielten sich. Jill kam aus dem Staunen nicht heraus, als sie hörte, daß der Raufbold Sparky in Wirklichkeit ein Mädchen war. Anschließend schauten sie fern, bis ihnen die Augen zufielen.

Jill schlief noch fest, als Linda am nächsten Morgen aufstand und sich fertig machte, um mit dem Rad zum Tier-Treff zu fahren. Samstags arbeitete sie den ganzen Tag in der Praxis. Sie konnte es kaum erwarten, das

Ergebnis von Charlys Bluntuntersuchung zu erfahren. Als ihr Vater ihr dann seinen Verdacht auf Katzenleukämie bestätigte, war sie ziemlich mutlos.

„Aber wenn eine Katze die erste Spritze überlebt, besteht eine weitaus größere Chance, daß sie wieder gesund wird", versuchte ihr Vater sie zu trösten. "Und da uns Sparky sofort angerufen hat, kann Charly durchaus gerettet werden."

„Oh, Paps, ich hoffe es so sehr!" sagte Linda. „Er ist ein so schöner Kater, und Sparky hängt so sehr an ihm. Sie wäre sicher untröstlich, wenn Charly sterben würde."

„Übrigens, auf dem Anrufbeantworter war kein Anruf von den Sparks", sagte der Tierarzt zu Linda. „Das bedeutet, daß sich Charlys Zustand nicht verschlimmert hat. Ansonsten hätten sich sicher Sparky oder ihre Mutter gemeldet. Wenn Frau Sparks anruft, richte ihr bitte aus, sie soll so bald wie möglich mit Charly vorbeikommen."

Gegen zehn Uhr vormittags rief Sparkys Mutter an, um sich einen Termin geben zu lassen. Linda verschob ein paar Termine, damit Charly nicht lange warten mußte.

Gleich nach dem Mittagessen betrat Sparky mit Charly in einem großen Tragkorb die Tierklinik. Sie war in Begleitung ihrer Mutter, einer großen, schlanken Frau mit schulterlangen, dunklen Haaren.

„Hallo, Sparky. Wie geht es Charly?" sagte Linda, die hinter dem Schreibtisch der Sprechstundenhilfe saß.

„Nicht besonders", meinte Sparky kleinlaut, und ihr rundes Sommersprossengesicht wirkte ganz ernst, als sie abwechselnd Linda und dann wieder ihre Mutter ansah.

„Er hat die ganze Nacht auf meinem Bett geschlafen, und ich bin mehrere Male aufgewacht, um nachzusehen, ob er noch atmet. Manchmal sah es ganz so aus, als hätte er zu atmen aufgehört. Aber wenn ich ihn dann angefaßt habe, hat er ein komisches Geräusch von sich gegeben. Er hat noch immer nichts gefressen."

„Wir alle haben heute nacht kaum ein Auge zugetan", sagte Frau Sparks. „Ich habe mich schließlich zu Philomena gelegt, und Charly schlief zwischen uns. Er schnarchte ganz laut!"

„Ich hole gleich den Doktor", sagte Linda. „Nehmen Sie inzwischen Platz. Ich bin sofort zurück." Sie ging ins Behandlungszimmer, in dem ihr Vater soeben die Untersuchung eines traurig dreinblickenden Bassets beendet hatte.

„Paps, Frau Sparks ist da", sagte Linda.

„Ich komme sofort", erwiderte der Tierarzt und wandte sich an Toby: „Bitte bring Duke hinaus, und erinnere Herrn Frantz an die Diät. Ja keine Knochen! Setz dich bitte dann in den ‚Empfang', weil Linda mir in der Praxis hilft."

„In Ordnung, Doktor", sagte Toby und ging mit dem Hund ins Wartezimmer. Dort warf er einen neugierigen Blick auf Sparky und ihre Mutter. „Was, das soll der Raufbold sein, der Teddy verprügelt hat?" flüsterte er Linda zu.

Linda nickte und flüsterte zurück: „Ich erzähle dir alles später." Dann wandte sie sich an Frau Sparks: „Der Doktor kommt sofort." Sie kniete sich vor Charlys Korb nieder und spähte hinein. „Hallo, Charly, wie geht es dir?" fragte sie.

Der Kater sah sie mit trüben Augen an. Dann miaute er kläglich.

Wenigstens lebt er noch! dachte Linda.

„Sag mal, du bist nicht vielleicht mit einem Teddy Taylor verwandt?“ fragte Frau Sparks sie.

Linda schaute noch immer in den Katzenkorb. „Er ist mein Bruder“, erwiderte sie.

„Aha“, meinte Frau Sparks und schaute zu Boden. „Sparkys Klassenlehrerin hat mit gesagt, daß Teddys Vater sich über Sparky beschwert hat. Mir ist die Sache auch nicht gleichgültig.“

Linda fühlte sich unbehaglich. „Vielleicht sollten Sie besser mit meinem Vater darüber reden“, schlug sie vor.

„Ja, das werde ich tun“, erwiderte Frau Sparks.

„Ist Teddy mit dem Tierarzt verwandt?“ fragte Sparky erschrocken. „Ist er sein Sohn?“

„Ja, scheint so“, erwiderte ihre Mutter.

„Wieso hast du das nicht gleich gesagt?“ fragte Sparky und schaute Linda vorwurfsvoll an.

„Wem hätte das was genützt?“ erwiderte Linda. „Charly wäre dadurch auch nicht schneller gesund geworden. Mein Vater und ich waren ziemlich erstaunt, als wir herausfanden, wer du warst. Aber wir wollten nicht gleich mit der Tür ins Haus fallen. Schließlich ging es in erster Linie um Charly.“

„So ein Mist!“ brummte Sparky und kaute an einem Zopfende.

„Philomena!“ ermahnte ihre Mutter sie, und Sparky nahm sofort den Zopf aus dem Mund.

„Entschuldige, Mama“, sagte sie kleinlaut.

In diesem Augenblick betrat der Tierarzt das Wartezimmer. „Guten Tag, Frau Sparks, ich bin Doktor Taylor“, begrüßte er sie.

Frau Sparks stand auf und gab dem Tierarzt die Hand. Dabei fiel ihre Handtasche zu Boden. Beide bückten sich gleichzeitig, und ihre Köpfe stießen zusammen.

„O Gott!“ sagte Frau Sparks und rieb sich die Stirn. „Zuerst schlägt meine Tochter Ihrem Sohn ein blaues Auge, und dann verpasse ich Ihnen eine Beule am Kopf. Ich hoffe, Doktor, ich habe Ihnen nicht weh getan!“

Der Tierarzt rieb sich ebenfalls die Stirn und sagte lachend: „Nicht der Rede wert. Linda kann es Ihnen bestätigen, ich habe einen harten Schädel! Da braucht es schon etwas mehr, um dem was anhaben zu können.“ Mit diesen Worten reichte er Frau Sparks ihre Handtasche. „Es freut mich, Sie kennenzulernen. Wie geht es unserem Patienten?“

„Nicht besonders“, sagte Sparky, bevor ihre Mutter etwas erwidern konnte. „Er hat noch immer nichts gefressen und will auch nichts trinken. Aber die Medizin nimmt er.“

„Wollen Sie nicht mit ihm ins Behandlungszimmer kommen?“ schlug der Tierarzt vor. „Ich werde ihn mir genauer ansehen.“ Mit diesen Worten ging er voraus, und die anderen folgten ihm. Linda kam als letzte; sie trug den Katzenkorb und hatte den Eindruck, als schleppe sie mindestens zehn Kilo.

„Herr Doktor, die Sache mit Teddy ...“, begann Frau Sparks, aber der Tierarzt schnitt ihr das Wort ab. „Zuerst ist Charly an der Reihe, dann Teddy“, meinte er. „Linda, leg ihn bitte auf den Tisch. Ich möchte seine Temperatur messen und ihn auch sonst gründlich untersuchen.“

Als Linda den Kater auf den Tisch legte, rührte er sich kaum und ließ alles mit sich geschehen. Der Tierarzt maß

5 9875-8

seine Temperatur, dann untersuchte er Charlys Augen und Ohren. Anschließend leuchtete er mit einer kleinen Lampe seinen Rachen aus. „Er hat ziemlich hohes Fieber", stellte er fest. „Aber sein Atem geht schon etwas besser." Er schwieg einen Augenblick, ehe er fortfuhr. „Hat er alle notwendigen Schutzimpfungen bekommen, Frau Sparks?"

„Ja, natürlich, Herr Doktor", erwiderte Frau Sparks. „Jedes Jahr. Wir sorgen uns um Charly wie um einen Menschen."

„Er ist viel netter als manche Menschen", mischte sich Sparky ein, und ihre Mutter warf ihr dafür einen vorwurfsvollen Blick zu.

„Haben Sie ihn auch gegen Katzenleukämie impfen lassen?" erkundigte sich Doktor Taylor.

„Katzenleukämie?" wiederholte Frau Sparks, und Sparkys Gesicht wurde blaß. „Ich ... ich kann mich nicht daran erinnern", sagte Frau Sparks. „Ich bekam zwar einmal eine Karte von unserem Tierarzt in York, auf der er uns an diese Impfung erinnerte, aber dann ging bei uns zu Hause alles drunter und drüber, und ... Aber, Doktor, Sie wollen doch nicht etwa behaupten, daß Charly Leukämie hat?"

Der Tierarzt nickte. „Doch, leider ist es so, Frau Sparks. Der Bluttest hat es eindeutig gezeigt."

„Charly wird sterben", rief Sparky, und schon liefen ihr die Tränen über die Wangen. „Leukämie ist doch unheilbar! Wird er sterben, Herr Doktor?"

„Nein, das wird er nicht, Sparky", meinte Linda entschieden. „Du hast doch gehört, was der Doktor sagte. Es geht ihm heute schon wesentlich besser. Natürlich ist

Leukämie eine gefährliche Krankheit. Aber wenn eine Katze genügend Abwehrkräfte besitzt, wird sie mit großer Wahrscheinlichkeit überleben. Es sieht nicht so aus, als würde Charly gegen eine Infektion ankämpfen, aber er tut es, ohne daß man es merkt. Wenn du nicht so rasch im Tier-Treff angerufen hättest, wäre er vielleicht schon tot. Du hast ganz richtig gehandelt und ihm wahrscheinlich dadurch das Leben gerettet."

Sparky schniefte und wischte sich die Nase mit dem Handrücken ab. Ihre Mutter kramte sogleich in ihrer Handtasche und zog ein Taschentuch hervor. „Da, putz dir die Nase!" sagte sie energisch. Sparky tat es und fragte dann mit zitternder Stimme: „Stimmt das alles, was du sagst, Linda? Du gehst ja schließlich noch zur Schule..."

„Linda ist zweifelsohne noch sehr jung", mischte sich ihr Vater ein, „aber sie hilft mir schon seit einigen Jahren in der Praxis und hat dabei viel über Tiere und ihre Krankheiten gelernt. Sie will einmal Tierärztin werden, und ich bin sicher, daß sie eine sehr gute sein wird. Alles, was sie soeben gesagt hat, stimmt. Wenn Charly weiterhin Fortschritte macht, wird er bald gesund sein."

„Wirklich, Herr Doktor?" fragte Sparky, und ihre großen, braunen Augen sahen ihn hoffnungsvoll an.

„Ja, du kannst es mir glauben", versicherte der Tierarzt. „Wir müssen jetzt seine Infektion bekämpfen. Ich gebe ihm deshalb eine weitere Antibiotikumspritze. Dann bekommt er ein paar kleine blaue Pillen und ein paar weiße, die du ihm in den Hals stecken mußt. Linda wird dir zeigen, wie man das macht. Die blauen Pillen sind auch Antibiotika. Er bekommt dreimal je zwei blaue und dazu eine weiße. Die weißen enthalten Cortison. Ich gebe dir auch eine Salbe, die du ihm zweimal am Tag in die Augen schmierst. Gib ihm genügend Flüssigkeit zu trinken und etwas Leichtes zu fressen. In ein bis zwei Tagen wird er sicher Appetit bekommen." Der Tierarzt legte die Pillen in kleine Plastiksäckchen.

Linda ging hinaus zum Schreibtisch am „Empfang" und schrieb kleine Aufkleber für die Säckchen und die Salbe. Nachdem sie alle angebracht hatte, kam sie zurück in das Behandlungszimmer und zeigte Sparky und ihrer Mutter, wie sie Charly die Pillen verabreichen sollten. „Es ist ganz einfach", sagte sie, „denn Charly fühlt sich nicht wohl und wird sich kaum wehren. Wenn es ihm besser geht, sollten Sie ihn zu zweit festhalten." Sie hielt Charly mit einer Hand fest, und mit der anderen öffnete sie sein Maul. „So müssen Sie es machen", erklärte sie Sparky und ihrer Mutter. Dann steckte sie ihm die beiden blauen Pillen hinein. „Nun streicheln Sie ihn kinnabwärts, damit er die Pillen leichter schluckt. So einfach ist das Ganze."

„Ja, das kann ich auch", meinte Sparky.

„Ich werde dir dabei helfen, Liebling", sagte Frau Sparks.

Linda zeigte ihnen dann, wie sie Charlys Augen einsalben sollten und wie sie dabei geschlossen gehalten werden mußten, bis sich die Salbe in den Augen verteilte. „Du bist wirklich ein angenehmer Patient", sagte sie zu dem Kater, als sie ihn wieder in seinen Tragkorb setzte. „Und du wirst sehen, du bist bald wieder gesund."

„Bist du sicher, daß er wieder gesund wird?" fragte Sparky noch einmal und streichelte das dichte, graue Fell des Katers.

„Mit höchster Wahrscheinlichkeit, Sparky", antwortete der Tierarzt. „Ich habe dir bereits gestern gesagt, daß

Liebe und Zuwendung für ein krankes Tier oft wirksamer sind als die teuerste Medizin. Und ich habe ganz den Eindruck, daß er das von dir bekommt. Sollte sich aber wider Erwarten sein Zustand verschlimmern, dann ruf mich auf jeden Fall an. Du kannst mich auch zu Hause erreichen. Linda schreibt dir gleich meine Privatnummer auf."

„Vielen Dank für Ihre Mühe, Herr Doktor", sagte Frau Sparks. „Ich glaube, Sie haben nun gesehen, wie sehr meine Tochter an Charly hängt. Verständlicherweise, denn durch den Umzug hat sie alle ihre Freunde verloren..."

„Ich habe Linda schon gesagt, daß du und Paps geschieden seid und daß wir deshalb hierher gezogen sind", wandte sich Sparky an ihre Mutter.

„Oh!" sagte Frau Sparks ein wenig verlegen. „Ja, dann können Sie vielleicht besser verstehen, warum Philomena so große Eingewöhnungsschwierigkeiten in der neuen Schule hat. Es tut mir unendlich leid, daß es zwischen ihr und Ihrem Sohn Teddy ständig zu Streitigkeiten kommt. Ich habe mit Philomena mehrere Male darüber gesprochen und ihr gut zugeredet. Sie ist kein böses Kind, Doktor. Sie ist nur einsam und unsicher und mitunter auch sehr ängstlich."

„Ich bin nicht ängstlich!" protestierte Sparky sogleich. „Die anderen Kinder haben Angst vor mir, aber ich habe keine Angst vor ihnen!" Sie hielt einen Augenblick inne und meinte dann: „Nur Teddy ist eine Ausnahme. Er fürchtet sich vor niemandem. Deshalb kämpfen wir auch immer miteinander."

„Ach, Philomena!" stöhnte ihre Mutter.

„Hast du Lust, morgen nachmittag mit uns zu kommen?"
fragte Doktor Taylor Sparky

„Letztes Mal hat er mich ans Schienbein getreten“, erzählte Sparky. „Ich habe einen großen blauen Fleck, aber nicht so blau wie Teddys Auge. Möchten Sie ihn sehen?“ Sie wollte ihre Jeans hochkrempeln, aber ihre Mutter hinderte sie daran. „Laß das, wir glauben es dir auch so“, sagte sie.

Doktor Taylor ging vor Sparky in die Hocke und schaute ihr tief in die Augen. „Hör mal, Sparky, ich habe da eine gute Idee“, begann er. „Ich bin gespannt, was du dazu sagen wirst.“ Er schaute kurz zu Linda hoch, ehe er fortfuhr. „Ich fahre morgen nachmittag mit Linda, Teddy, Erin und Toby zu einem Bauern, der zwei kleine Lämmer hat. Möchtest du nicht auch mitkommen? Natürlich muß deine Mutti damit einverstanden sein.“

„Aber Paps ...“, sagte Linda zögernd und versuchte, ihn von seinem Vorhaben abzubringen. „Ob das gutgeht, Teddy und Sparky zusammen? Die reißen sich doch gegenseitig die Köpfe ab!“

„Nein, ich finde, das ist eine gute Gelegenheit, daß ihr beide euch besser kennenlernt“, widersprach ihr Vater. „Ich glaube, daß ich einen sehr netten Sohn habe, und ich finde, daß auch du, Sparky, ein sehr nettes Mädchen bist. Ich möchte euch deshalb die Möglichkeit geben, euch selbst davon zu überzeugen.“ Dann sah er Frau Sparks an. „Was halten Sie von diesem Vorschlag, Frau Sparks“, fragte er. „Sind Sie damit einverstanden, daß Sparky den Nachmittag mit uns verbringt? Die beiden Lämmchen sind wirklich sehenswert. Ich verspreche Ihnen, auf Sparky aufzupassen.“

Sparky schüttelte den Kopf und kaute an einem Zopfende.

„Vielleicht hat Frau Sparks schon etwas anderes mit Sparky vor“, mischte Linda sich ein.

Aber Frau Sparks überhörte Lindas Einwand und meinte: „Ja, das kommt mir sehr gelegen, denn ich wollte noch die restlichen Umzugkartons auspacken. Und da hätte sich Philomena sowieso gelangweilt. Ja, es wäre wirklich schön, wenn sie mit Ihnen kommen könnte, Doktor. Sicherlich werden Teddy und Philomena davon profitieren.“

„Ich will aber nicht den ganzen Nachmittag mit Teddy zusammensein“, murrte Sparky und knabberte an ihrem Zopf. „Ich muß auch zu Hause bleiben und mich um Charly kümmern.“

Ihre Mutter zog ihr energisch den Zopf aus dem Mund und sagte: „Ich kann mich genausogut um Charly kümmern. Es wird dir sicherlich guttun, ein paar Stunden an der frischen Luft zu sein.“ Dann wandte sie sich an den Tierarzt: „Vielen Dank, Doktor. Ich bin sicher, Philomena wird sich anständig benehmen – nicht wahr, mein Liebling?“

„Nur wenn es Teddy auch tut“, sagte Sparky trotzig.

„Das wird er“, versicherte ihr Doktor Taylor. „Linda und ich werden schon dafür sorgen.“

„Ja, selbstverständlich“, sagte Linda und dachte bei sich, daß sie sich nichts sehnlicher wünschte, als Kindermädchen zu spielen.

„Wir holen Sparky gegen dreizehn Uhr ab“, sagte der Tierarzt. „Linda, würdest du jetzt bitte den Untersuchungstisch desinfizieren? Ich werde inzwischen Toby sagen, daß der nächste Patient hereinkommen kann.“

Wie Hund und Katze

„Nein, nie im Leben! Dazu müßtest du mich fesseln und mit Gewalt hinschleppen!“ protestierte Teddy, als sein Vater ihm und Erin von Sparkys krankem Kater erzählte, und daß Sparky mit ihnen zum Hof der Bauers kommen sollte.

„Ich habe dir doch gesagt, daß ich Sparky nicht ausstehen kann. Sie ist hinterhältig und gemein, und ich wünsche ihr, daß ihr Kater stirbt!“ schrie Teddy außer sich vor Wut.

„Teddy!“ rief Linda empört, „wie kannst du so etwas sagen!“

„Ja, das hättest du nicht sagen dürfen, Teddy“, mischte sich Erin mit vorwurfsvoller Miene ein. „Nur weil du Sparky nicht leiden kannst, ist das noch lange kein Grund, ihrem armen Kater den Tod zu wünschen!“ Sie hielt einen Augenblick lang inne und sagte schließlich: „Philomena, was für ein hübscher Name. Wie fein das klingt. Wenn ich so hieße, wollte ich nicht, daß man mich Phil nennt oder Sparky. Sparky klingt ja wie ein Hundename!“

„Dieser Name paßt ausgezeichnet zu ihr“, sagte Teddy. „Sie ist gemein und falsch, viel falscher, als ein Hund sein kann.“ Als er merkte, daß Sunshine und Jocko schwanzwedelnd daneben standen, fügte er rasch hinzu: „Tut mir leid, ihr beiden. Ich wollte euch nicht beleidigen. Hunde sind natürlich viel netter als Sparky. Selbst Dracula ist noch netter!“

„Jetzt reicht es aber, Teddy!“ wies ihn sein Vater zurecht.

„Ich hoffe, du änderst deine Meinung. Wenn wir morgen zu den Bauers fahren, wird Sparky – ich meine Philomena – mitkommen. Sie ist ein unglückliches und einsames kleines Mädchen, das dringend Freunde braucht. Ich weiß, ich weiß“, wehrte er den Wutanfall, den er auf Teddys Gesicht bereits ablesen konnte, ab. „Ich weiß, sie hat sich dir gegenüber nicht richtig benommen, und es gefällt mir auch nicht an ihr, daß sie sofort handgreiflich wird. Aber das ändert nichts an der Tatsache, daß sie Hilfe braucht, die wir ihr sicher geben können. Außerdem ist ihre Mutter morgen nachmittag noch mit dem Umzug beschäftigt, und Sparky stünde ihr dabei nur im Weg. Reiß dich zusammen, mein Junge, und betrachte das Ganze als eine gute Tat, die man von einem Pfadfinder erwartet“, versuchte sein Vater ihn zu überzeugen.

Teddy zog seine Baseballmütze tiefer in die Stirn und legte sich auf das Sofa. „Ich wette, ihr habt euch schiefgelacht, als ihr festgestellt habt, daß Sparky ein Mädchen ist“, sagte er und spähte unter dem Schirm seiner Mütze hervor.

„Nein, ich habe nicht gelacht, nicht einmal geschmunzelt“, sagte Linda. „Und Paps auch nicht. Ich war zu sehr um den kranken Kater besorgt. Ich verstehe gar nicht, wieso dich das so aus der Fassung bringt. Was ist da schon Besonderes dran? Warum kann Sparky kein Mädchen sein? Ich bin für die absolute Gleichberechtigung der Frau!“

„Linda, glaubst du nicht, daß das ein wenig weit hergeholt ist?“ meinte der Tierarzt schmunzelnd. „Gleiche Rechte beziehen sich doch nicht auf das Verprügeln seiner Klassenkameraden, egal, ob es sich um einen Jungen oder ein Mädchen handelt. Für mich ist die Diskussion beendet. Wir nehmen Sparky morgen mit, und damit basta! Und von dir, Teddy, erwarte ich, daß du dich anständig benimmst."

„Okay, ich verspreche es – vorausgesetzt sie tut es auch", brummte Teddy. „Aber wenn sie zu streiten anfängt, dann knall ich ihr eine, daß ihr Hören und Sehen vergeht!" Mit diesen Worten erhob er sich vom Sofa und wandte sich an die beiden Hunde: „Kommt, wir gehen spazieren! Wir müssen uns aber beeilen, denn in einer Viertelstunde ist ein Walt-Disney-Film im Fernsehen, den ich sehen möchte."

Er nahm die Hunde an die Leine und stürzte zur Tür hinaus.

Linda schaute ihm kopfschüttelnd nach. „Um ehrlich zu sein, Paps, ich halte das für keine so gute Idee. Die beiden sind doch wirklich wie Hund und Katze. Ich glaube nicht, daß das gutgehen wird."

„Ich habe nie behauptet, daß sie sich an einem einzigen Nachmittag anfreunden werden", erwiderte ihr Vater, „aber wenigstens haben sie die Möglichkeit, sich näherzukommen. Jetzt sind sie noch Feinde und kennen sich im Grunde überhaupt nicht. Aber morgen abend werden sie schon mehr über sich wissen. Vielleicht werden sie aber auch feststellen, daß sie sich, auch wenn sie sich besser kennengelernt haben, nicht leiden können. Aber vielleicht werden sie zumindest herausfinden, daß sie etwas gemeinsam haben."

„Das haben sie bereits", sagte Erin und grinste. „Sie haben gemeinsam, daß sie sich hassen."

Linda warf ihrer Schwester einen strafenden Blick zu. „Ha, ha", sagte sie. „Wirklich sehr komisch! Komm, gehen wir die Kaninchen füttern. Natürlich auch Archie und die Küken."

„Ich bin schon neugierig auf die Nichte von Bauers", sagte Erin, als sie mit Linda auf den Hof hinausging. „Hoffentlich ist sie nicht wie Sparky. Wenn ja, dann: Prost Mahlzeit!"

„Sicher ist sie nicht so", meinte Linda. „Paps hat gesagt, daß sie sich vor Tieren fürchtet. Erinnerst du dich? Und Sparky hat vor nichts Angst – außer daß Charly sterben könnte."

„Aber er wird doch nicht sterben?" fragte Erin erschrokken. „Leukämie klingt so schrecklich."

„Das ist sie auch, aber wenn eine Katze das erste Stadium überlebt, wird sie mit ziemlicher Wahrscheinlichkeit wieder gesund", erklärte ihr Linda. „Mit der richtigen Behandlung und einer guten Betreuung kann das Virus bekämpft werden, und die Katze kann später ein völlig gesundes Tier sein."

„Bin ich froh", meinte Erin erleichtert. „Ich finde es einfach spitze, Linda, daß du dich bei Tieren so gut auskennst. Ich verliere immer gleich den Mut."

„Das macht nichts, Erin", tröstete Linda sie. „Du wirst schließlich einmal eine Ballerina werden, genau wie Mama. Und da mußt du nicht über Tiere und ihre Krankheiten Bescheid wissen."

Erin machte eine Pirouette und führte mit ihren Armen eine graziöse Bewegung aus. „Und wenn ich einmal eine berühmte Tänzerin in New York bin und eine Katze haben sollte, die krank ist, dann bringe ich sie dir, egal, wo du bist. Und du wirst sie wieder gesund machen."

„Ich werde sicher hier in Essex sein und Paps in der Praxis

helfen“, erwiderte Linda und lächelte still vor sich hin.

„Sag, möchtest du nicht eine berühmte Ärztin werden wie zum Beispiel die Tierärztin im Fernsehen, die die Haustiere berühmter Filmstars behandelt? Es wäre so schön, wenn wir beide berühmt würden.“

Linda schüttelte den Kopf. „Wir brauchen wirklich nicht zwei berühmte Leute in der Familie, Erin. Ich möchte nichts anderes, als mit Paps in der Praxis arbeiten. Mehr wünsche ich mir nicht.“

„Nein, damit würde ich mich nicht begnügen“, sagte Erin mit ernster Miene. „Ich möchte die beste Tänzerin der Welt sein. Wenn ich in Essex bleibe, erreiche ich das nie. Ich will unbedingt nach New York. Ich möchte ein Star werden!“

Linda wurde ewas traurig, denn sie wußte, daß Erins Worte ernst gemeint waren, und sie wollte nicht, daß die Familie auseinanderging. Aber bis dahin waren es zum Glück noch einige Jahre.

„Tanz mal zu Archie hinüber und füttere ihn und die Küken“, sagte Linda.

„Frierst du, Linda? Du zitterst ja?“ fragte Erin.

„Ja, ein wenig. Komm, wir wollen uns beeilen. Ich möchte mir den Walt-Disney-Film im Fernsehen anschaun.“

„Komm, steig ein“, sagte Doktor Taylor zu Sparky, die soeben aus dem Haus in der Walnußstraße gekommen war. Ihre Mutter begleitete sie zur Haustür und drückte ihr zum Abschied einen Kuß auf die Wangen. „Versprich mir, daß du dich anständig aufführst“, sagte sie.

Sparky nickte und setzte sich neben Erin und Teddy auf

die Rückbank des Kombis. Erin hatte darauf geachtet, daß sie zwischen Sparky und ihrem Bruder saß.

„Wie geht es deinem Kater?“ erkundigte sich Erin. „Paps hat uns alles über ihn erzählt. Geht es ihm besser? Übrigens, ich bin Erin, Lindas und Teddys Schwester.“

„Hallo, Erin“, sagte Sparky. „Ja, Charly geht es schon viel besser. Er hat heute sogar ein Stück Hühnerbrust gefressen.“ Noch immer würdigte sie Teddy keines einzigen Blickes.

„Das ist ja fabelhaft!“ rief Linda und beugte sich über die Lehne ihres Sitzes, um Erin sehen zu können. Dann verabschiedete sie sich durch das Wagenfenster von Sparkys Mutter. „Zum Abendessen sind wir sicher zurück.“

Frau Sparks winkte ihnen nach, und auch Linda, Erin und der Tierarzt winkten zum Abschied.

„Diese lustigen Bällchen an deinen Zöpfen gefallen mir“, sagte Erin zu Sparky. „Rot ist meine Lieblingsfarbe.“

„Danke“, erwiderte Sparky und starrte auf ihre Turnschuhe. Sie trug dazu nagelneue Jeans und ein rot-weiß gestreiftes T-Shirt.

„Ich bin froh darüber, daß Charly wieder Appetit hat“, meinte der Tierarzt. „Das ist ein gutes Zeichen. Du und deine Mutter versorgt ihn allem Anschein nach bestens.“

„Ja“, erwiderte Sparky leise.

Dann schwiegen alle eine Weile.

„Willst du Sparky nicht hallo sagen, Teddy?“ wandte sich Doktor Taylor an seinen Sohn und suchte sein Gesicht im Rückspiegel.

Keine Antwort.

Schließlich sagte der Junge kleinlaut: „Hallo, Philomena!“

„Ich hasse diesen Namen“, sagte Sparky, „nenn mich doch Sparky ... Theodor!“

„Sag nicht Theodor zu mir!“ protestierte Teddy.

„Was gefällt dir nicht an diesem Namen?“ wollte sein Vater wissen. „Ich heiße auch so. Und ich finde, daß es ein schöner Name ist.“

„Aber wenn *sie* mich so nennt, mag ich es nicht“, murrte Teddy.

„Ich finde, Philomena ist ein schöner Name“, warf Erin rasch dazwischen. „Ich habe noch nie eine Philomena gekannt.“

„Ja, ein sehr hübscher Name“, stimmte Linda ihr zu.

Dann schwiegen sie wieder.

„Wir holen noch Toby Curran von zu Hause ab“, sagte Linda und versuchte, fröhlich zu klingen. „Du hast ihn gestern gesehen, Sparky. Erinnerst du dich?“

„Ach, der Junge mit den abstehenden Ohren, der am Empfangstisch saß?“ sagte Sparky. „Natürlich erinnere ich mich an ihn.“

Wiederum schwiegen alle.

Dann sagte Teddy: „Sie stehen nicht mehr ab als deine.“

„Ich habe keine abstehenden Ohren!“ protestierte Sparky.

„Hast du auch nicht“, mischte sich Linda ein. „Teddy, gib endlich Ruhe!“

„Natürlich hat sie welche, wie Dumbo, der Elefant!“

„Hör endlich auf damit, Teddy“, befahl sein Vater.

„Ich möchte nach Hause“, jammerte Sparky.

Erin versuchte, sie auf andere Gedanken zu bringen, und meinte: „Erzähl mir von Charly. Linda sagt, er ist genauso groß wie Cleveland – das ist unser Kater. Oder besser gesagt: Lindas. Er hat sie am meisten ins Herz geschlossen. Wie alt ist denn Charly? Und wie sieht er aus?"

Sparky schluckte und meinte schließlich: „Nun ja, er ist acht Jahre alt, so wie ich. Sein Fell ist grau, bis auf die Nase, die ist weiß. Und seine Pfoten sind auch schneeweiß. Er ist mein bester Freund. Es ist das erste Mal, daß er krank ist. Als es ihm neulich so schlecht ging, sagte Frau Wilson, unsere Haushälterin, ich sollte im Tier-Treff anrufen. Und das habe ich auch getan, und dann ..." Sie hörte gar nicht mehr auf, von Charly zu erzählen. Erin hörte ihr interessiert zu. Linda entspannte sich dabei und freute sich, daß sich wenigstens Erin und Sparky vertrugen.

Toby stand schon am Straßenrand und wartete auf sie. Er begrüßte alle freudig, und erkundigte sich bei Sparky nach Charly, so daß Sparky die ganze Geschichte von vorne erzählte.

Die ganze Fahrt über unterhielten sie sich lebhaft, nur Sparky und Teddy redeteten kein Wort miteinander.

„Da sind wir", verkündete der Tierarzt, als er den kleinen Feldweg zu dem Bauernhaus entlangfuhr. Es war ein großes, altes Steinhaus inmitten hoher Bäume. Daneben lag ein kleiner Weiher, auf dem eine Ente mit ihren Jungen schwamm.

„Seht doch, die goldigen Entlein!" rief Erin.

„Sie sehen genau wie Archie aus, als er noch klein war", sagte Linda entzückt. „Er war ein so süßes Kerlchen."

Herr und Frau Bauer kamen ihnen freundlich lächelnd entgegen. Beide waren groß und hager, und ihre Gesichter waren von der warmen Aprilsonne gebräunt. Ihnen folgte ein Mädchen mit langen schwarzen Haaren, die zu einem Pferdeschwanz zusammengebunden waren. Sie trug Blue Jeans und ein leuchtendrotes T-Shirt mit der Aufschrift *New York City Ballet.*

Erin packte Linda am Arm. „Hast du gesehen, was sie anhat? Und sie hat auch die Füße leicht nach außen gestellt. Ich wette, sie ist beim Ballett. Das ist sicher die Nichte, von der Frau Bauer erzählt hat."

„Kommt, meine Lieben", sagte Doktor Taylor. „Wir wollen ihnen guten Tag sagen."

Sie begrüßten sich herzlich.

„Es freut uns, Doktor, daß Sie die Zeit gefunden haben, uns zu besuchen", sagte Herr Bauer und schüttelte die Hand des Tierarztes. „Hallo, Linda, ich habe dich neulich, als die Lämmer zur Welt kamen, vermißt. Aber Toby war auch eine große Hilfe."

Tobys Ohren liefen vor Freude rot an.

„Ja, ich habe es auch sehr bedauert, daß ich nicht kommen konnte. Ich bin schon so gespannt, die beiden zu sehen", erwiderte Linda.

„Geht es ihnen gut?" erkundigte sich Toby.

„Ausgezeichnet. Wir gehen gleich zu ihnen", sagte Frau Bauer. „Das ist sicher Erin, richtig?" fügte sie hinzu, und Erin nickte.

„Wie geht es Ihnen, Frau Bauer?" fragte Erin und bedankte sich für die Einladung.

„Wir freuen uns, daß ihr gekommen seid. Es tut gut, mal wieder ein paar junge Leute um sich zu haben. Marcy fühlt sich doch ziemlich einsam bei uns. Nicht wahr, mein Liebling?" sagte Frau Bauer und legte einen Arm um die Schultern des Mädchens. „Sie ist die Tochter meiner

6 9875-8

jüngsten Schwester, Mary Butler." Dann wandte sie sich an ihre Nichte: „Sag hallo zu Erin!"

„Hallo", kam es schüchtern aus Marcys Mund.

„Hallo, Marcy", sagte Erin. „Dein T-Shirt ist mir sofort aufgefallen. Tanzt du auch Ballett? Ich nehme Ballettunterricht bei Fräulein Tamara in Essex."

„Erin ist wirklich begabt", sagte Linda. „Unsere Mutter war Tänzerin im Pennsylvania-Ballett."

„Ja, ich lerne auch tanzen", sagte Marcy, und ihre Stimme war noch immer nicht viel lauter als ein Flüstern. „Aber hier bei Tante Edna und Onkel Fred habe ich keine Möglichkeit zu tanzen."

„Wie ich sehe, habt ihr beide euch sicher viel zu erzählen", mischte sich nun Frau Bauer ein und gab Marcy einen liebevollen Klaps auf die Wange. „Warum zeigst du Erin nicht oben in deinem Zimmer dein Fotoalbum?" Dann fügte sie voller Stolz hinzu: „Marcy hat eine Menge Fotos von sich, die beim Tanzen aufgenommen worden sind. Geht sie euch ansehen, Kinder! Wir rufen euch, wenn wir zu den Lämmern gehen."

Marcy ging auf das Haus zu, und Erin überlegte eine Sekunde lang, bis sie ihr folgte.

„Und wer sind die beiden da?" erkundigte sich Herr Bauer und schaute zu Teddy und zu Sparky, die neben dem Tierarzt standen und recht finstere Gesicher machten. „Ich weiß, daß Sie eine Sohn haben, Doktor. Aber wer ist das kleine Fräulein?"

„Das hier ist mein Sohn Teddy", sagte der Tierarzt und legte eine Hand auf Teddys Schulter.

„Schau doch nicht so finster drein, Teddy, und sag guten Tag", ermahnte Linda ihren Bruder.

„Tag“, brummte Teddy.
„Und das ist Philomena Sparks. Sie ist in Teddys Klasse“, sagte Doktor Taylor und legte ebenfalls eine Hand auf die Schulter des Mädchens.
„Aber sagen Sie bitte Sparky zu mir“, meinte Sparky.
„Sparky. Das ist aber ein netter Spitzname“, sagte Frau Bauer. „Schön, daß ihr hier seid. Ich freue mich, Teddy, daß du deine Freundin mitgebracht hast.“
„Sie ist nicht meine Freundin“, protestierte Teddy sogleich. „Wir gehen nur in dieselbe Klasse, das ist alles.“
Linda verdrehte die Augen. Das kann ja heiter werden, dachte sie. „Sparky wohnt erst seit kurzem in Essex. Sie hat noch keine Freunde hier.“
„Dafür aber um so mehr Feinde!“ platzte Teddy heraus.
„Nun aber Schluß damit, Teddy!“ sagte sein Vater energisch und packte ihn fester an der Schulter.
Teddy zuckte zusammen und warf Sparky einen finsteren Blick zu. Sparky streckte Teddy die Zunge heraus, ohne daß es der Tierarzt sehen konnte.
„Teddy, was meinst du dazu, wenn du und Sparky mit meiner Frau einen Sparziergang zum Teich macht?“ schlug Herr Bauer vor. „Sie könnte euch ein paar Entennester zeigen, und vielleicht findet ihr einige Eier darin. Ich habe selbst noch keine Zeit gehabt nachzusehen.“
„Kommt schon, Kinder!“ sagte Frau Bauer.
Teddy und Sparky stapften mißmutig hinter ihr her.
„Und Sie, Doktor, Sie kommen mit mir“, forderte Herr Bauer den Tierarzt auf. „Linda, du kommst auch mit. Ich möchte euch was zeigen. Ich habe an einem dicken Ast von einem dieser mächtigen alten Bäume eine Schaukel für Marcy angebracht. Aber sie macht sich nicht viel daraus.“

Er warf Linda einen fragenden Blick zu. „Schaukelst du gerne?“

„Und wie“, sagte Linda, obwohl es nicht stimmte. Sie fand Schaukeln viel zu kindisch für ihr Alter, doch sie wollte nicht unhöflich sein. „Aber dann gehen wir zu Flossie und ihren Jungen.“

„Selbstverständlich. Doktor, ich möchte Ihnen gerne zeigen, wie ich die unterirdische Quelle abgeleitet habe, so daß das Wasser jetzt die Straße entlangfließt“, sagte Herr Bauer.

Linda und Toby gingen neben dem Tierarzt und Herrn Bauer einher und hörten mit halbem Ohr zu, was die beiden sich zu sagen hatten. Dann bewunderten sie die Brücke, die Herr Bauer über einem Bach errichtet hatte. Sie kletterten einen bewaldeten Hügel hinauf und blieben vor einem riesigen Baum stehen, an dem die Schaukel angebracht war. Linda hob den Kopf. Die beiden Seilenden waren hoch oben befestigt.

Toby blieb staunend davor stehen und fragte: „Wie sind Sie denn so hoch hinaufgekommen?“

„Mit einer ausziehbaren Leiter“, erklärte ihm Herr Bauer. „Das sind zehn Meter Höhe. Möchtest du dich auf die Schaukel setzen, Linda?“ fragte er.

„Na klar“, erwiderte Linda und nahm auf dem schmalen Holzbrett Platz. „Gib mir mal ein wenig Schwung, Toby!“ sagte sie.

„Mit Vergnügen!“ erwiderte der Junge, und gleich darauf flog Linda durch die Luft.

„Das ist ja fast wie Fliegen!“ rief sie atemlos, als sie hoch in die Lüfte schwang, der Hang weit hinter ihr zurücklag und die Straße ganz nah vor ihr war. „Was für ein herrliches Gefühl!“ meinte sie begeistert. „Möchtest du es auch einmal versuchen, Toby?“

„Warum nicht?“ erwiderte der Junge. „Das sieht ja wirklich super aus!“

„Ich war fest davon überzeugt, Marcy würde ihren Spaß daran haben“, sagte Herr Bauer, und Linda merkte, wie Enttäuschung in seiner Stimme mitklang. „Aber sie ist eben ein Stadtkind. Sie hat Angst, hierherzugehen, denn sie meint, sie könnte von einer Schlange gebissen werden.“ Er seufzte. „Das Kind hat es im Augenblick nicht leicht. Ihr Vater war sehr krank, und so hat Ednas Schwester sie uns für eine Weile anvertraut, damit sie auf andere Gedanken kommt. Aber mir scheint, Marcy macht sich nicht viel aus dem Landleben. Das einzige, was ihr wirklich Freude macht, ist Ballettanzen, aber in unserer Dorfschule gibt es so etwas nicht.“

„Paps, guck mal!“ ertönte plötzlich Teddys Stimme. Der Junge kam, dicht gefolgt von Sparky, den Hang heraufgekeucht. „Ich habe drei Enteneier gefunden, und Sparky nur zwei!“

„Aber meine waren dafür größer“, brüstete sich das Mädchen.

„Aber nicht viel größer“, widersprach Teddy ihr. „Ah, Sie haben aber eine tolle Schaukel hier, Herr Bauer“, staunte Teddy. „Toby, läßt du sie mich auch mal ausprobieren?“

„Na klar. Komm her, du kannst dich gleich draufsetzen“, erwiderte Toby und sprang von der Schaukel. Er hielt Teddy den Sitz fest, so daß er sich leichter hochziehen konnte. „Halt dich fest. Ich geb’ dir Schwung.“

Gleich darauf flog Teddy durch die Luft. „Wow!“ rief er

vor Begeisterung. „Schau her, Linda, ich fliege!“

„Du wolltest doch schon immer Astronaut werden“, erwiderte Linda. „Jetzt siehst du wenigstens, was für ein Gefühl das ist.“

„Ich möchte auch mal schaukeln“, meldete sich Sparky. „Komm, Teddy, laß mich mal an die Reihe.“

„Warte noch eine Minute“, antwortete Teddy. „Ich schwebe gerade im All.“ Er schloß die Augen. „Jetzt fliege ich an Merkur vorbei, und da ist auch schon Jupiter in Sicht. Und dort, neben der Venus ist ein ganz neuer Planet. Aber wer hätte das geglaubt, weit und breit keine intelligenten Lebewesen!“

Sparky kicherte, und Linda dachte, daß es das erste Mal war, daß die Kleine ein fröhliches Gesicht machte. Aber im gleichen Augenblick legte Sparky die Hand vor den Mund, als wäre es ihr peinlich, daß sie gelacht hatte. „Ich möchte auch einmal Astronautin werden“, sagte sie zu Linda, und ihre Augen glänzten vor Begeisterung. „Auch Mädchen können Astronauten sein. Sag ihm bitte, daß er mich jetzt schaukeln lassen soll, Linda!“

Linda lachte. „Laß ihn doch zuerst wieder auf die Erde zurückkommen, Sparky. Dann kannst du schaukeln, solange du willst.“

Eine unerfreuliche Entdeckung

Als Teddy endlich Sparky die Schaukel überließ, half Linda ihr hinauf und gab ihr einen kräftigen Schubs. Linda sah Sparky zum erstenmal fröhlich und ausgelassen. Jedesmal, wenn sie in die Luft flog, quietschte sie vor Vergnügen, und ihre Wangen röteten sich vor Freude. Nachdem sie lange genug geschaukelt hatte, sagte Linda zu ihr: „Sag mal, Sparky, möchtest du nicht auch die beiden kleinen Lämmer sehen? Wir müssen bald nach Hause fahren, und ich wollte sie mir unbedingt anschauen."

„Natürlich", sagte Sparky fröhlich und sprang von der Schaukel. „Wo sind sie denn?"

„Ich werde sie dir zeigen", erwiderte Linda.

Teddy, Toby, der Tierarzt und Herr Bauer waren bereits gegangen, um sich die Kühe anzusehen. So ging Linda allein mit Sparky auf die Schafweide.

„Weißt du was, Linda?" begann das Mädchen, „ich habe noch kein einziges Mal an Charly gedacht. Und dabei geht es dem Armen so schlecht. Hoffentlich hat Mama nicht vergessen, ihm die Pillen zu geben."

„Bestimmt nicht", beruhigte Linda die Kleine. „Und es macht gar nichts, wenn du nicht an ihn gedacht hast. Deshalb wird er auch nicht langsamer gesund. Und wenn du wieder zu Hause bist, kannst du ihm ja alles erzählen, was du heute erlebt hast. Das wird ihn ein wenig ablenken."

Sparky schaute sie mißtrauisch an. „Katzen können

Sparky quietschte vor Vergnügen, als sie auf der Schaukel durch die Luft flog

doch nicht verstehen, was wir sagen, Linda."

„Woher willst du das wissen? Redest du nie mit Charly?" fragte Linda sie.

„Doch, hin und wieder", gab Sparky zu. „Aber ich weiß nicht, ob er versteht, was ich meine. Ich wünschte, er würde es verstehen. Schade, daß ich die Katzensprache nicht kann. Aber wenn ich miau, miau zu ihm sage, dann weiß ich nicht, was ich sage, und ich frage mich, ob Charly es versteht. Vielleicht schimpfe ich ihn aus, ohne es zu wissen."

Linda schmunzelte. „Das bezweifle ich. Ich glaube nicht, daß Katzen viel fluchen – Cleveland allerdings ist eine Ausnahme. Er flucht manchmal einem Hund nach. Aber da miaut er nicht, sondern faucht ganz laut. Als wir noch das Äffchen im Haus hatten, hat er die ganze Zeit geflucht."

„Was, ihr habt ein Äffchen gehabt?" staunte Sparky, und ihre braunen Augen weiteten sich vor Neugier. „Erzähl mal!"

Linda erzählte ihr, wie das kranke Äffchen Gigi aus dem Zefferelli-Wanderzoo gemeinsam mit dem Löwenbaby Leo im Tier-Treff behandelt werden mußte und dann noch einige Zeit bei ihnen zu Hause gehalten wurde, bis sie ein neues Zuhause für beide gefunden hatten.

Sparky fand das großartig.

Als sie an dem Bauernhaus vorbeikamen, steckte Frau Bauer den Kopf zur Tür heraus. „Ihr geht sicher die Lämmchen ansehen?" sagte sie.

„Ja", rief Linda zurück.

„Ich werde es Marcy und Erin sagen", meinte die Bäuerin. „Die beiden sind schon lange genug in Marcys Zimmer. Die Kleine geht viel zuwenig an die frische Luft." Mit diesen Worten verschwand sie im Haus, und gleich darauf erschienen die beiden Mädchen.

„Stell dir vor, Linda, Marcy ist eine richtige Tänzerin", erzählte Erin ihrer Schwester. „Sie ist schon oft in Pittsburgh aufgetreten. Du solltest die Fotos sehen!"

„Das ist ja großartig", meinte Linda.

„Es gibt für mich nichts Schöneres, als zu tanzen", sagte Marcy bescheiden. „Onkel Fred hat mir im Keller eine Übungsstange aufgestellt, aber das ist nicht das gleiche wie in der Ballettschule." Sie seufzte. „Onkel Fred und Tante Edna sind wirklich lieb zu mir, aber ich kann es trotzdem kaum erwarten, wieder zu Hause zu sein. Ich mache mir auch so schreckliche Sorgen um Paps ..."

„Du brauchst dir seinetwegen keine Sorgen zu machen, er wird sicher bald gesund", sagte Sparky. „Ich wette, deine Mutter betreut ihn so gut wie meine unseren Charly."

„Wer ist Charly?" wollte Marcy wissen.

„Mein Kater", sagte Sparky. „Er hat Katzenleukämie, aber es geht ihm bereits viel besser, weil Doktor Taylor und Linda die Krankheit richtig behandeln. Ich bin sicher, dein Vater wird auch richtig behandelt."

Marcy seufzte wieder. „Ich glaube schon", sagte sie. „Ach, wie gerne wäre ich bei meinen Eltern! Ich möchte auch wieder tanzen ..."

„Macht es dir denn gar keinen Spaß, auf einem Bauernhof zu sein? Ich finde, es ist herrlich, so viele Tiere um sich zu haben", sagte Linda.

„Linda ist eine Tiernärrin, mußt du wissen", klärte Erin Marcy auf. „Sie will einmal Tierärztin werden und in Paps' Praxis arbeiten."

„Ich habe Angst vor Tieren“, gab Marcy zu, als die vier Mädchen in Richtung Schafweide gingen. „Ich habe immer in der Stadt gewohnt, und die Tiere auf dem Hof hier sind mir ganz fremd. Meine Tante und mein Onkel versuchen, mich mit ihnen vertraut zu machen, aber ich fürchte mich trotzdem vor ihnen. Nur Vögel mag ich.“

„Dein Kanarienvogel ist auch wirklich schön“, sagte Erin. „Du mußt uns mal besuchen und Dandy kennenlernen. Er singt dan ganzen Tag lang.“

„Caruso hat vorher auch andauernd gesungen, aber seit er hier ist, gibt er keinen Ton von sich. Ich glaube, er hat auch Heimweh“, sagte Marcy traurig.

„Caruso? Was für ein komischer Name! Wie bist du denn auf den gekommen?“ wollte Sparky wissen.

„Ich habe ihn nach dem berühmten Opernsänger benannt“, erklärte ihr Marcy. Sie blieb vor dem Eisengatter stehen und öffnete es, so daß Linda, Erin und Sparky die Schafweide betreten konnten. Marcy folgte ihnen als letzte und schloß hinter sich das Gatter. „Flossie und ihre Lämmchen sind dort drüben“, sagte sie. „In dem kleinen Stall.“

„Meine Güte, so viele Schafe!“ rief Sparky überrascht. „Ich möchte sie streicheln!“ Sie rannte auf die friedlich grasende Herde zu. Doch als die Schafe sie kommen sahen, ergriffen sie die Flucht. „He, kommt doch zurück!“ rief Sparky ihnen nach. „Ich tu euch doch nichts. Ich möchte euch nur streicheln.“

„So sind eben Schafe“, sagte Linda. „Sie sind sehr schreckhaft. Wenn ein Schaf die Flucht ergreift, dann folgen ihm all die anderen. Sie sind keine sehr klugen Tiere.“

„Sie riechen auch eigenartig", stellte Marcy fest und zog die Nase kraus. „Alle Tiere auf dem Hof haben einen komischen Geruch."

„Ich wette, sie denken das auch von uns", sagte Linda. „Komm, Sparky, du kannst Flossie und ihre Jungen streicheln. Sie können nicht davonlaufen."

Linda ging auf den Stall zu und streckte den Kopf über den Bretterverschlag. Sie hielt den Atem an. „O nein!" flüsterte sie.

„Was ist los?" fragte Erin ungeduldig, die neben ihr stand. Sie warf ebenfalls einen Blick über den Verschlag und rief: „Du lieber Himmel, was ist denn mit Flossie los? Sie liegt da, als wäre sie krank."

„Ich fürchte, das ist sie auch", sagte Linda. „Marcy, hol schnell deinen Onkel und meinen Vater. Sag ihnen, Flossie liegt auf dem Boden; es scheint ihr schlecht zu gehen."

„Ich komme mit dir", meinte Sparky. „Sie sind mit Toby und Teddy im Kuhstall."

Marcy und Sparky rannten los, und Linda betrat den Schafstall. Erin blieb draußen und spähte ängstlich über den Verschlag. „Die armen Lämmchen", sagte sie mitleidsvoll. „Wenn ihre Mutter krank ist, stecken sie sich womöglich an. Und es sind so liebe Tiere!"

Die beiden Lämmer drängten sich verängstigt in eine Ecke, als Linda vor ihnen stand.

„Wie kommt es, daß ihre Schwänze so lang sind?" wunderte sich Erin. „Ich dachte, Schafe haben ganz kurze."

„Sie kommen mit langen Schwänzen auf die Welt", erklärte ihr Linda. „Aber wenn sie ein paar Wochen alt sind, schnürt ihnen der Bauer oder der Tierarzt den

Schwanz mit einem engen Gummiband zu, und nach einiger Zeit fällt dann das Schwanzende ab. Sie haben aber keine Schmerzen dabei. Ein kurzer Schwanz ist nämlich viel leichter sauberzuhalten."

„Aha", machte Erin. „Sag mal, kannst du dir vorstellen, was ihr fehlt?"

„Keine Ahnung", meinte Linda. „Ich will mal sehen, ob sie imstande ist aufzustehen." Sie half dem Schaf auf die Beine, aber Flossie schien völlig kraftlos zu sein und hatte außerdem Atembeschwerden.

„Da kommen Paps und Herr Bauer", rief Erin.

Linda stand erleichtert auf.

Der Tierarzt und Herr Bauer betraten den Schafstall. Sparky, Teddy, Toby und Marcy stellten sich neben Erin und schauten über den Bretterverschlag.

Herr Bauer kniete neben Flossie nieder und streichelte ihre schwarzen Ohren. „Was hast du denn, mein Mädchen?" fragte er mit sanfter Stimme. Dann schaute er zum Tierarzt hoch. „Was meinen Sie, Doktor? Eine Lähmung?"

Der Tierarzt nickte. „Sieht ganz so aus", sagte er. „Haben Sie in der letzten Zeit Anzeichen von Steifheit oder Zittern bemerkt?"

Herr Bauer schüttelte den Kopf. „Nein, obwohl ich mich in der letzten Zeit besonders um sie gekümmert habe." Er wandte sich an Marcy: „Ist dir an Flossie etwas aufgefallen? – Sie füttert nämlich die Schafe", fügte er für den Tierarzt erklärend hinzu.

Marcy zögerte, bevor sie sagte: „Heute morgen ist sie etwas komisch gegangen, aber ich habe mir dabei nichts gedacht. Ich hätte es vielleicht melden sollen, aber ich dachte ..." Ihre Augen füllten sich mit Tränen. „Onkel Fred, es tut mir leid ..."

„Du hast doch keine Schuld, mein Kind", versuchte Herr Bauer sie zu besänftigen. „Du kannst das ja nicht wissen. Das kommt bei Schafen häufig vor, wenn sie Junge geworfen haben. Da trifft niemanden die Schuld."

„Ein Glück, daß ich gerade hier bin", meinte der Tierarzt. „Wir nehmen Flossie gleich mit in die Klinik, und ich gebe ihr eine Kalziumspritze. Die müßte sie wieder auf die Beine bringen."

„Hast du das gehört, Flossie?" sagte Linda und hob den Kopf des Schafes hoch, der jedoch sofort wieder nach hinten fiel.

„Was geschieht mit den Jungen, wenn wir ihnen die Mutter wegnehmen?" fragte Teddy besorgt.

„Wir werden Flossie solange ersetzen müssen", erklärte ihm Herr Bauer. „Sie müssen die Milch aus dem Fläschchen bekommen. Marcy, es wäre schön, wenn du mir dabei helfen könntest. Die Lämmer brauchen viel Zuwendung, wenn ihre Mutter nicht da ist."

„Aber ... ich weiß nicht, was ich tun muß", sagte Marcy ängstlich. „Ich kenne mich mit jungen Schafen überhaupt nicht aus. Ich wüßte nicht einmal mit einem Baby umzugehen. Ich bin zu Hause die Jüngste. Ich habe noch nie kleine Kinder betreut."

„Es ist ganz einfach", versuchte Linda sie zu beschwichtigen. „Ich werde es dir gleich zeigen, wie man das macht. Dein Onkel und mein Vater können in der Zwischenzeit Flossie in den Kombi legen."

Der Tierarzt ging zu seinem Wagen, gefolgt von Teddy und Sparky. Dann fuhr er auf die Weide und hielt dicht vor der Stalltür an. Herr Bauer und Toby legten Flossie behutsam in den Wagen auf eine weiche Decke. Flossie blökte leise, und die beiden Lämmer blökten ängstlich zurück.

„Komm herein, Marcy“, sagte Linda, und das Mädchen trat in den Schafstall. Marcy schaute die beiden Lämmer genauso ängstlich an, wie diese zurückblickten.

„Sie tun dir nichts“, sagte Linda. „Sie sind ja noch ganz klein. Sie haben viel mehr Angst vor dir und fühlen sich verlassen ohne ihre Mutter. Sie brauchen jemanden, der lieb zu ihnen ist.“ Sie bückte sich und nahm eines der beiden auf den Arm. Es wog nicht mehr als ein Welpe. Anfangs wehrte es sich ein wenig, doch als Linda sanft auf das Lämmchen einredete und es an ihre Brust drückte, beruhigte es sich bald. „Streichle es ein wenig“, ermunterte sie Marcy. „Es riecht auch nicht komisch. Es ist ganz warm und kuschelig, wie ein Plüschtier.“

Marcy streckte eine Hand aus und streichelte den Kopf des Lämmchens. „Ja, es ist ganz weich“, sagte sie. „Ich habe noch nie ein Schaf gestreichelt.“

„Nimm jetzt das andere auf den Arm“, sagte Linda zu ihr.

Marcy näherte sich dem Lämmchen, das sich erschrokken zurückzog und sich dabei den Kopf an der Stallwand anstieß.

„Du brauchst keine Angst zu haben“, sagte Marcy und näherte sich vorsichtig dem verschreckten Tier. „Ich tu dir nichts.“ Sie beugte sich zu dem Lämmchen hinunter und nahm es auf den Arm. Marcy hatte Mühe, es festzuhalten, denn das Tier wehrte sich mit aller Kraft. Aber schließlich gelang es ihr doch, es zu besänftigen.

Selbst Marcy vergaß ihre Angst, als sie die beiden kuscheligen Lämmchen in den Armen hielt

„Drück es fest an dich", riet ihr Linda. „So fühlt es sich geborgen. Es darf nicht meinen, du könntest es fallenlassen."

„Nein, mein Kleines, ich lasse dich nicht fallen", sagte Marcy. „Es passiert dir nichts."

Das Lämmchen beruhigte sich und berührte sanft mit seiner Nase Marcys Kinn. „Laß das!" rief Marcy kichernd.

Herr Bauer kam zurück. Als er Marcy mit dem Lämmchen auf dem Arm sah, strahlte er über das ganze Gesicht. „Siehst du, Marcy, wie gut du das schon kannst", lobte er seine Nichte.

Linda stellte das Lämmchen wieder auf den Boden. „Ich würde die beiden so gerne mit nach Hause nehmen", meinte sie. „Aber wie ich sehe, sind sie auch hier in guten Händen. Danke, Herr Bauer, für Ihre Einladung."

Herr Bauer wandte sich an Erin. „Versprich mir, daß du bald wiederkommst. Marcy wird sich sicher sehr darüber freuen."

Erin nickte. „Gerne, Herr Bauer", erwiderte sie. „Aber vielleicht darf auch Marcy einmal zu uns kommen? Ich könnte sie zum Beispiel am Samstag mit in die Ballettstunde nehmen. Fräulein Tamara hat bestimmt nichts dagegen."

Marcy schaute sie mit leuchtenden Augen an. „Ja, das wäre super! Darf ich, Onkel Fred?"

„Warum nicht?" erwiderte Herr Bauer.

„Spitze!" rief Erin. „Ich werde dich anrufen, Marcy, und wir machen dann einen Termin aus. Vielleicht kannst du schon Freitag nach der Schule kommen und das ganze Wochenende bei uns verbringen?"

„Gerne", sagte Marcy. Sie nahm eine Vorderpfote des

7 9875-8

Lämmchens in die Hand und winkte damit. „Winke auf Wiedersehen, mein Kleines", sagte sie zu dem Lämmchen. „Oh, ich muß mir für die beiden zwei hübsche Namen ausdenken", meinte sie. „Oder willst du das tun, Onkel Fred?"

„Nein, das überlasse ich gerne dir", erwiderte Herr Bauer. „Du kannst sie nennen, wie du willst. Ich bin mit jedem Namen einverstanden."

Linda und Erin stiegen in den Kombi ein, und während der Tierarzt langsam von der Weide fuhr, winkten sie sich alle zu. Dann blieb der Tierarzt noch einmal vor dem Bauernhaus stehen. „Wir müssen uns noch von Frau Bauer verabschieden", meinte er. „Aber beeilt euch, ich möchte Flossie nicht so lange im Wagen lassen."

In diesem Augenblick kam Fau Bauer aus dem Haus, mit einer Schüssel voller Plätzchen in den Händen. „Sie wollen uns doch nicht schon verlassen?" sagte sie und machte ein enttäuschtes Gesicht.

„Leider ja", erwiderte der Tierarzt. „Flossie hat eine Lähmung, und ich muß sie mit zum Tier-Treff nehmen. Danke nochmals für Ihre freundliche Einladung, Frau Bauer."

„Ich habe mich zu bedanken, daß Sie gekommen sind", sagte die Bäuern. „Kommen Sie bald wieder. Arme Flossie! Ich werde gleich nach den Jungen sehen."

„Nicht nötig, Marcy und Ihr Mann kümmern sich schon um die beiden", sagte Linda.

„Marcy?" fragte Frau Bauer erstaunt. „Das ist ja kaum zu glauben."

„Oh, die Plätzchen sehen aber lecker aus", sagte Teddy zu der Bäuerin und streckte den Kopf aus dem Wagenfenster. „Wenn ich die sehe, bekomme ich gleich einen noch größeren Hunger. Es ist ja schon eine Ewigkeit her, daß wir zu Mittag gegessen haben."

„Aber Teddy!" entrüstete sich Linda.

„Laß ihn doch", meinte Frau Bauer. „Ich habe die Plätzchen schließlich gebracht, damit ihr sie eßt." Mit diesen Worten reichte sie die Schüssel durchs Wagenfenster. „Die sind für euch", sagte sie. „Ihr könnt gerne noch welche haben. Und die Schüssel bringt ihr mir das nächste Mal wieder."

„Vielen Dank", rief Teddy aus dem Auto. „Ah, Haselnußplätzchen! Die kommen bei mir gleich nach den Schokoladenplätzchen! Laß die Finger davon, Sparky!"

„Teddy!" sagten Linda und ihr Vater gleichzeitig.

„Okay, okay, du kannst ja eins davon haben", meinte Teddy ungehalten.

Dann winkten sie noch einmal zum Abschied, und während sie alle gleichzeitig „vielen Dank" und „danke schön!" riefen, ließ der Tierarzt den Motor an und fuhr langsam den Weg zur Straße hinauf.

„Doktor, Sie sollten sich beeilen. Flossie atmet ganz schwer. Sie zittert auch am ganzen Körper. Es scheint ihr ziemlich schlecht zu gehen."

„Sind alle angeschnallt?" fragte der Tierarzt, und als alle es bejahten, gab er kräftig Gas.

Versöhnung wider Willen

„Lebt sie noch?" fragte Erin besorgt, als Toby und ihr Vater Flossie aus dem Wagen hoben. „Wenn nicht, dann will ich nicht hinsehen."

„Beruhige dich, sie lebt", sagte ihr Vater. Dann wandte er sich an Toby: „Ich glaube, wir sollten sie in den großen Stall tragen. Und zwar in die Box neben Ghost."

Linda lief voraus, um die Stalltür zu öffnen. Dann trugen ihr Vater und Toby das Schaf hinein. Flossie rührte sich nicht, als sie sie auf die frische Streu betteten.

„Kann ich dir behilflich sein, Paps?" erkundigte sich Linda.

„Ja, sieh zu, daß die Kinder nichts anstellen, während ich Flossie eine Spritze gebe."

„Hallo, Doktor", begrüßte Mike Strickler den Tierarzt. „Ich habe gesehen, wie Sie das arme Ding hereintrugen. Eine Lähmung, nicht wahr?" Er reichte dem Tierarzt eine Flasche. „Damit wird sie sich gleich besser fühlen", sagte er. „Komisch, die einen Muttertiere erwischt es, die anderen nicht. Es ist, als ginge das ganze Kalzium aus ihrem Körper in den der Jungen über, und sie selbst haben dann keines mehr."

„Werden Flossies Jungen auch krank werden?" wollte Sparky wissen, die neugierig um Linda herumschlich.

„Nein, das ist nichts Ansteckendes", erklärte ihr Linda.

„Ich möchte auch zusehen!" bettelte Teddy.

„Nein, du gehst jetzt raus. Und du auch, Sparky!" sagte

Linda energisch. „Ihr macht Flossie nur nervös." Sie schob die beiden zur Tür hinaus und schloß sie hinter sich. „Kommt, wir sagen Ghost hallo", schlug sie vor.

„Wer ist Ghost?" wollte Sparky wissen. „Von wem redest du?"

„Ghost ist unser Geist", sagte Teddy. „Ich habe ganz vergessen, dir von ihm zu erzählen. Der Tier-Treff wird von einem großen, grauen Geist heimgesucht. Wenn du nicht auf der Hut bist, wird er dich holen."

Sparky runzelte die Stirn. „Ich glaube dir kein Wort, Teddy Taylor", sagte sie. „Es gibt keine Geister. Und falls es sie doch gibt, dann würden sie sich niemals am Tag blicken lassen. Und auch in diesem Fall hätte ich keine Angst."

„Ja, meinst du wirklich?" fragte Teddy mißtrauisch.

„Na klar!" erwiderte Sparky.

„Wollt ihr nicht endlich zu streiten aufhören?" sagte Erin. „Da bekommt man ja Kopfschmerzen."

Linda beschloß, die drei in Ruhe zu lassen, und sprang über den Koppelzaun. Sie zog es meistens vor, über den Zaun zu springen, anstatt das Gatter zu öffnen, damit sie schneller bei Ghost war. Sie pfiff ein paarmal, und Ghost, der am anderen Ende der Weide graste, hob sogleich den Kopf. Er stellte die Ohren auf und galoppierte wie ein junger Hengst auf Linda zu.

Linda lief ihm lachend entgegen und legte die Arme um seinen Hals. Dann nahm sie ihn am Halfter und führte ihn zu den drei Kindern.

„Im Tier-Treff gibt es tatsächlich einen Ghost", sagte sie zu Sparky. „Sieh dir unseren Geist mal an. Er ist ein großer, grauer Wallach. Er gehört mir, und er heißt Gray

Ghost. Ist er nicht ein prächtiges Tier?“

Teddy und Erin streichelten Ghost, aber Sparky machte einen Schritt nach rückwärts. Ihre Sommersprossen wirkten plötzlich viel dunkler, denn ihr Gesicht war blaß geworden. Erschrocken riß sie die Augen auf.

„Was hast du denn?“ erkundigte sich Linda. „Gefällt er dir nicht?“

Sparky wich noch weiter zurück und schüttelte den Kopf. „Nein, ich mag keine Pferde. Auch dieses nicht!“

„Ist das dein Ernst?“ wollte Linda wissen. „Wie kann man Pferde nicht mögen? Besonders eines wie Ghost? Er war ein ausgezeichnetes Springpferd, bevor er diese Augenkrankheit bekam. Jetzt sieht er leider nicht mehr gut. Und außerdem ist er schon ziemlich alt, sogar älter als ich. Aber trotzdem ist und bleibt er das schönste Pferd auf Erden. Also, hab dich nicht so, Sparky!“

„Nein, ich rühr' ihn nie im Leben an“, protestierte das Mädchen und verschränkte die Arme vor der Brust. „Ich fasse ihn nicht an!“

Teddy starrte sie ungläubig an. „Also, wenn *du* nicht verrückt bist, dann weiß ich auch nicht, wer es ist“, sagte er.

„Du brauchst ihn nicht zu berühren, wenn du nicht willst“, meinte Linda. Sie schwang sich auf Ghosts Rücken und sagte: „Ich reite ihn ein wenig ohne Sattel.“ Sie drückte kurz die Fersen gegen seine Flanken und ritt mit ihm über die Koppel. Teddy hat recht, dachte sie, Sparky ist wirklich ein wenig verrückt. Wie kann man nur Pferde nicht mögen? Das war noch sonderbarer, als Angst vor Tieren zu haben.

Angst? Ja, vielleicht hatte Sparky Angst vor Ghost?

Nein, das war nicht möglich. Sie war schließlich ein tapferes Mädchen und der Schrecken der Jackson-Schule. Und doch – stand da nicht etwas wie Angst in ihrem Gesicht, als sie Ghost ansah? Linda blickte über die Schulter. Sparky stand noch immer wie angewurzelt da und kaute an einem Zopfende. Linda beugte sich vor und legte eine Hand auf Ghosts seidigen Hals, denn sie wollte zu Teddy und Erin zurückreiten.

Als sie sich den beiden näherte, sprang Teddy vom Zaun herunter und ging auf Sparky zu.

„Du hast ja Angst vor ihm", hörte sie Teddy sagen. „Gib es doch endlich zu, Sparky!"

„Nein, hab' ich nicht", widersprach Sparky ihm und kaute noch immer an ihren Haaren. „Ich habe vor gar nichts Angst. Weder vor dir noch vor einem alten, blinden Pferd. Ich mag nur keine Pferde, das ist alles."

„Du hast aber Angst!" Teddy packte ihren Arm. „Wenn du keine Angst hast, dann komm her und streichle ihn. Na, komm schon!"

„Nein!"

„Feigling!"

Sparky befreite sich aus Teddys Zugriff. „Wenn du mich noch einmal anrührst, breche ich dir das Genick!" rief sie.

„Ja, dann tu's doch!"

„Hört doch auf zu streiten!" mischte sich Erin ein.

„Nun seid doch endlich friedlich, ihr beiden!" rief Linda ihnen zu.

Teddy zog blitzschnell Sparky den Zopf aus dem Mund. „Ich habe dich angefaßt, was willst du jetzt tun?"

„Ich bringe dich um!" schrie Sparky ihn an und ging mit geballten Fäusten auf ihn los. Im gleichen Augenblick

Die beiden Kampfhähne hatten sich schon wieder in den Haaren, und jeder wollte der Stärkere sein

lagen sie auch schon im Gras und balgten sich. Sie rissen sich gegenseitig an den Haaren, und jeder versuchte, der Stärkere zu sein.

Linda sprang von Ghosts Rücken und lief auf die beiden zu. Sie versuchte, sie auseinanderzubringen, jedoch vergeblich.

„Ich hole Paps!" schlug Erin vor und rannte los zum Stall.

„Teddy, laß auf der Stelle Sparky los!" rief Linda. Doch da traf sie ein kräftiger Schlag einer kleinen, starken Hand mitten auf die Nase. Sie hielt sich schützend die Hände davor und spürte plötzlich Blut zwischen den Fingern.

„Oh, ihr Biester!" rief sie zornig. „Schlagt euch doch die Köpfe ein, mir ist das piepegal!"

Im selben Augenblick hielt ihr jemand von hinten ein Taschentuch unter die Nase. Es war ihr Vater. „Paps, sag ihnen, sie sollen aufhören", murmelte sie in das Taschentuch.

„Schluß damit!" hörte sie ihren Vater brüllen, und über den Rand des Taschentuches hinweg sah Linda, wie er Teddy an der Schulter packte und mit der anderen Hand Sparkys Arm ergriff. „Wenn ihr nicht sofort aufhört, erlebt ihr was!"

„Sie hat angefangen", maulte Teddy.

„Er sagte, ich wäre ein Feigling", brummte Sparky.

„Klar, du hast ja Angst vor Pferden. Angsthase, Angsthase!" rief Teddy.

„Seid sofort still!" herrschte sie der Tierarzt an. Dann wandte er sich an Linda. „Alles okay?"

Linda rieb sich die Nase und meinte: „Einer der beiden hat mir einen ganz schönen Fausthieb versetzt."

„So was Gemeines", sagte Erin. „Wer war es denn,

Linda, weißt du es?“

„Keine Ahnung“, murmelte Linda in das Taschentuch. „Ich bin ganz deiner Meinung, Erin, sie sind wirklich gemein.“

„Teddy, du setzt dich hierher“, befahl sein Vater und zog ihn weg von Sparky. „Und du, Sparky, du setzt dich dorthin.“ Dann ging er zu Linda und fragte: „Blutest du noch immer?“

Linda nahm das Taschentuch von der Nase und stellte fest: „Ja, noch leicht, aber es wird gleich aufhören.“

„Erin, hol doch mal etwas Eis aus dem Tiefkühlfach“, sagte ihr Vater. „Mike soll dir die Praxis aufschließen.“

Erin gehorchte sofort. „Ich bin gleich zurück!“ rief sie.

Linda nickte und hörte, wie Teddy und Sparky trotzig vor sich hin brummten.

„Ich will zu meiner Mama“, jammerte Sparky.

„Ich auch“, sagte Teddy mit weinerlicher Stimme.

Linda wurde plötzlich von Mitleid ergriffen und ging auf den kleinen Bruder zu, um sich neben ihn ins Gras zu setzen. Liebevoll legte sie einen Arm um seine Schultern.

„Ich war es, der dir auf die Nase geschlagen hat“, gab Teddy zu und vergrub sein Gesicht in ihrer Brust. „Aber es war nicht Absicht. Ich wollte dir nicht weh tun. Das mußt du mir glauben, ich wollte *ihre* Nase treffen“, sagte er und deutete auf Sparky.

„Ist schon in Ordnung, Teddy“, beschwichtigte Linda den Jungen. „Sie ist ja noch ganz.“

„Ich möchte nach Hause“, sagte Sparky.

Der Tierarzt setzte sich neben sie und legte einen Arm um sie. „Wir fahren gleich los“, sagte er. „Aber vorher mußt du zu weinen aufhören.“

Die beiden Kinder schneuzten sich kräftig und hörten zu jammern auf.

„Ich fürchte mich vor Pferden", sprudelte es plötzlich aus Sparky heraus. „Sie sind so riesig. Als ich noch klein war, bin ich einmal auf einem Pony geritten, plötzlich fing es an zu galoppieren, und ich fiel herunter und brach mir den Arm. Es hat fürchterlich weh getan. Und Pferde sind noch viel größer als Ponys."

„Aber Ghost ist ein gutmütiges Pferd und tut keiner Fliege was zuleide", sagte Linda zu ihr herüber.

Erin kam mit einem Plastikbeutel voller Eiswürfel zurück. „Hier, Linda, leg dir den auf die Nase. Dann hört sie sofort auf zu bluten."

„Danke", sagte Linda und hielt sich den Beutel an die Nase. Die Kälte war wohltuend, und bald ließen die Schmerzen nach.

„Möchtest du ein Plätzchen?" fragte Erin und hielt ihr die Schüssel hin. „Ich habe sie schnell aus dem Auto geholt."

„Danke", sagte Linda und steckte ein Plätzchen in den Mund. „Biete sie doch auch den anderen an."

Erin schaute unsicher um sich, dann ging sie auf ihren Vater zu und meinte: „Paps, du verdienst ein paar Plätzchen."

Der Tierarzt nahm zwei aus der Schüssel und gab eins Sparky. „Möchtest du eins?" erkundigte er sich.

Sparky schluckte. „Ja, gerne", sagte sie.

„Ich möchte auch eins!" rief Teddy, und seine Stimme klang unsicher.

„Erin, gib ihm auch eins", forderte Linda ihre jüngere Schwester auf.

Erin hielt die Schüssel unter Teddys Nase. Er nahm nur

ein einziges Plätzchen und steckte es in den Mund. „Danke", brummte er vor sich hin.

„Bitte", sagte Erin von oben herab und setzte sich dann zwischen Linda und ihren Vater ins Gras.

Schweigend verzehrten alle ihre Plätzchen. Dann hörte Linda, wie Ghost schnaubte. Er streckte den Kopf über den Koppelzaun. Sie nahm ein Plätzchen aus der Schüssel und ging auf das Pferd zu.

Teddy schmiegte sich an seinen Vater und legte die Arme um dessen Hals.

Linda kam wieder zurück und ließ sich ins Gras fallen.

„Ich glaube, es ist Zeit, daß ihr euch entschuldigt", sagte der Tierarzt und schaute Teddy und Sparky in die Augen. „Teddy, du bist als erster an der Reihe."

„Ich habe Linda schon gesagt, daß es mir leid tut", meinte er.

„Ja, das habe ich gehört", sagte sein Vater. „Aber du hast dich noch noch nicht bei Sparky entschuldigt."

„Nein, das werde ich auch nicht tun. Schließlich hat *sie* angefangen."

„Nein, *er* hat angefangen", protestierte Sparky. „Ich habe ihm gesagt, er soll mich nicht anrühren. Und als er es dann trotzdem getan hat, habe ich ihm einen Stoß versetzt."

Der Tierarzt schaute von einem Gesicht zum anderen, und aus beiden starrte ihm Trotz entgegen. „Es interessiert mich nicht, wer angefangen hat", sagte er. „Was zählt, ist, daß ihr zu streiten aufgehört habt und daß ihr nicht wieder damit anfangt. Hört mal zu, was ich euch zu sagen habe. Ich werde jetzt bis drei zählen, und dann entschuldigt ihr euch gegenseitig. Und zwar werdet ihr folgendes sagen:

‚Es tut mir leid, daß ich dich geschlagen habe. Ich verspreche dir, daß ich es nie mehr tun werde.‘ Meint ihr, daß das möglich ist?“

„Hm, Paps...“, begann Teddy zögernd und kaute verlegen an einem Grashalm.

„Nun ja...“, brummte Sparky und nagte an ihrem Zopfende.

„Also dann, ich fange an zu zählen. Eins, zwei, drei!“

Teddy und Sparky schauten sich an. Dann holten sie tief Luft und sagten gleichzeitig: „Es tut mir leid, daß ich dich geschlagen habe. Ich verspreche dir, daß ich es nie mehr tun werde.“

„Hurra!“ rief Erin und klatschte in die Hände.

Linda kicherte in den Eisbeutel hinein.

„Und nun gebt ihr euch die Hand“, befahl der Tierarzt.

Die beiden zögerten einen Augenblick lang. Dann streckte Teddy als erster die Hand aus. Sparky nahm sie nicht sofort. Doch schließlich schüttelten sie sich die Hände, und ihre Köpfe liefen dabei feuerrot an.

„Das muß gefeiert werden“, sagte der Tierarzt. „Sind noch Plätzchen da?“

„Ja, natürlich“, sagte Linda und reichte die Schüssel weiter. „Aber laßt noch ein paar für Toby übrig. Übrigens, wo steckt er eigentlich?“

„Da bin ich“, rief Toby, der soeben aus dem Stall angerannt kam. Er ließ sich neben Linda ins Gras fallen und nahm sich einige Plätzchen aus der Schüssel. „Danke, Linda“, sagte er. „Sie sind recht gut, aber nicht so köstlich wie die von Frau Racer. Sag mal, was ist denn mit dir passiert?“ fragte er, als er ihre Nase sah. „Habe ich etwas verpaßt?“

„Na, klar“, erwiderte Linda. „Teddy und Sparky haben sich verprügelt, und als ich ihnen in die Quere kam, bekam ich einen Schlag auf die Nase ab.“

„Aber es war nicht Absicht“, verteidigte sich Teddy und kaute an seinem Plätzchen weiter.

„Nein, es war reines Versehen“, verteidigte Linda ihren Bruder. „Er wollte eigentlich Sparky treffen. Aber jetzt ist der Streit beendet, und Teddy und Sparky werden von nun an gute Freunde sein. Nicht wahr?“

„Vielleicht nicht gerade Freunde, aber zumindest keine Feinde“, sagte Sparky.

Teddy nickte. „Und auch keine Erzfeinde.“

„Das ist gut“, meinte Toby. „Feindschaft führt zu nichts. Übrigens, weswegen habt ihr euch denn geprügelt?“

„Teddy sagte, ich sei ein Angsthase“, erklärte ihm Sparky. „Und deshalb habe ich ihn geschlagen.“

„Du hast mich nicht geschlagen, ich habe dich geschlagen“, widersprach Teddy ihr.

„Und wenn ihr die Wahrheit hören möchtet, ich war es, die es abbekommen hat“, mischte sich Linda ein. „Aber von jetzt an wird niemand mehr eine Balgerei anfangen. Ist das klar?“

„Okay“, meinte Teddy, und Sparky nickte.

„Aber du schlägst dich recht tapfer“, meinte Sparky zu dem Jungen. „Wenn ihr nächstes Mal *Krieg der Sterne* spielt, möchte ich auch mitspielen. Hast du was dagegen?“

Teddy überlegte einen Moment lang, ehe er antwortete: „Vielleicht, wenn Eric und Billy nichts dagegen haben.“

Sparky lächelte ihn an und drehte verlegen einen Zopf um ihre Finger. „Ich wette, es ist ihnen recht, wenn du ihnen sagst, daß du mich dabeihaben möchtest.“ Plötzlich war sie wieder das artige kleine Mädchen und nicht der Wildfang von vorher. „Du bist schließlich der Boss, und sie haben sich nach dir zu richten."

„Ja, der bin ich", gab Teddy stolz zu. „Aber da ich der Boss bin, mußt du die Rolle spielen, die ich dir zuteile. Verstanden?"

„Ist okay", sagte Sparky und lachte Teddy ins Gesicht.

Der Tierarzt gab beiden einen Klaps auf die Wangen und erhob sich. „Ich weiß nicht, wie ihr euch fühlt, aber ich friere. Und es sieht ganz so aus, als würde es noch einen Regenschauer geben, was im April nichts Außergewöhnliches ist. Ich glaube, wir sollten jetzt aufbrechen. Linda, führ Ghost lieber in den Stall. Ich werfe nur noch einen Blick auf Flossie, bevor wir nach Hause fahren."

„Es geht ihr schon besser", sagte Toby zu dem Tierarzt. „Mike hat die ganze Zeit mit ihr geredet und sie zu beruhigen versucht. Wenn du willst, Linda, dann komme ich mit in den Stall. Du solltest dich noch ein wenig schonen, damit du nicht wieder Nasenbluten bekommst."

„Steig schon ins Auto", rief Teddy Sparky zu. „Ich komme nach."

„Nein, du gehst voran!" konterte Sparky.

„Jetzt fangt ihr ja schon wieder an. Na wartet, ich werde es euch noch geben!" rief Erin. „Beeilt euch, es regnet bereits."

Sparkys Mutprobe

Am nächsten Freitagnachmittag erschien Linda später als sonst im Tier-Treff, denn ihre Handballmannschaft war gegen die einer anderen Schule angetreten und hatte mit sechs zu zwei gewonnen.

„Na, wie war's?“ erkundigte sich Toby, als sie das Wartezimmer betrat.

„Super“, sagte Linda, während sie sich den weißen Kittel anzog. „Sie hatten keine Chance gegen uns. Dabei waren sie letztes Jahr die Siegermannschaft.“

„Das freut mich für dich, Linda“, sagte Pat, die Sprechstundenhilfe. „Dein Vater läßt dir ausrichten, daß du und Toby als erstes die Tiere im Stall versorgen sollt. Dann muß einer von euch den Behandlungstisch saubermachen. Ich gehe nämlich heute früher weg.“ Sie lächelte verlegen. „Wir feiern unseren dreißigsten Hochzeitstag, und mein Mann führt mich aus ins *Casa di Roma*. Da muß ich vorher noch unbedingt zum Friseur gehen.“

„Herzlichen Glückwunsch, Pat!“ gratulierte ihr Linda. „Dreißig Jahre, das ist eine lange Zeit.“

„Gratuliere, Frau Dempwolf“, sagte Toby. „Aber um ehrlich zu sein, ich verstehe nicht, warum Sie zum Friseur wollen. Sie sehen doch sehr hübsch aus.“

Pat kicherte wie ein junges Mädchen. „Du bist wirklich ein netter Kerl, Toby“, sagte sie. „Seht, hier sind die Karten der nächsten Patienten. Als erstes ist Frau White mit Fritzi an der Reihe. Im Augenblick ist noch die

Perserkatze von Herrn Bauman im Behandlungszimmer. Dann kommt Herr Allison mit Frou-frou dran, ihr wißt schon, der französische Pudel. Sie sind noch nicht da, denn sie sind erst in einer Dreiviertelstunde vorgemerkt."

„Wie geht es eigentlich Charly?" wollte Toby wissen.

„Recht gut", sagte Linda. „Sparky ruft jeden Tag an und gibt uns einen genauen Bericht über seinen Gesundheitszustand. Seit sie sich mit Teddy versöhnt hat, sind die beiden nahezu unzertrennlich. Sie ist auch mit Billy und Eric befreundet. Die meiste Zeit ist sie bei uns zu Hause. Sie ist wirklich ein sehr nettes Mädchen, man muß sie nur näher kennen."

Toby grinste. „Ich kann mir gar nicht vorstellen, daß Teddy eine Freundin hat."

Linda gab ihm einen Stoß in die Rippen. „Sag das bloß nicht zu ihm, wenn du dir keine geschwollene Nase einhandeln möchtest. Er sieht in Sparky kein Mädchen. Um ehrlich zu sein, ich auch nicht. Nur neulich, als Erin sie mit auf ihr Zimmer nahm, um ihr ihre Puppe zu zeigen, habe ich gemerkt, daß sie doch ein Mädchen ist. Erin wollte ihr Elisabeth schenken, denn sie spielt ja nicht mehr mit Puppen. Ich habe kurz einen Blick in das Zimmer geworfen und sah zu meinem großen Erstaunen, wie Sparky die Puppe in ihr Bettchen legte. Weißt du, Sparky sperrt sich innerlich dagegen, ein Mädchen zu sein. Ich habe einmal mitbekommen, wie sie Teddy erzählte, daß sich ihr Vater einen Sohn gewünscht hat und sie deshalb wie einen Jungen erzog. Ihre Mutter hingegen versucht, das Mädchen in ihr zu wecken."

„Manchmal denke ich auch nicht daran, daß du ein Mädchen bist", sagte Toby augenzwinkernd zu Linda.

8 9875-8

„Da fällt mir ein, ich habe dich noch nie in einem Rock gesehen."

Linda warf den Kopf zurück. „Und wahrscheinlich wirst du das auch nie. Soll ich denn auf Ghost reiten und mich mit Schafen, Schweinen und anderen Tieren abgeben und dabei einen Rock tragen?"

„Da hast du recht. Übrigens, da wir gerade von Schweinen reden: Sollten wir nicht dem Schwein von Fletchers seine Medizin geben? Ich halte es fest, und du träufelst sie ihm ins Maul."

Sie gingen gemeinsam in den großen Stall und nahmen ihre Arbeit auf.

Herr Allison bezahlte gerade die Rechnung für Frou-frous Behandlung, als Erin das Wartezimmer betrat. Linda blickte erstaunt auf, denn Erin ließ sich im Tier-Treff nur äußerst selten blicken.

„Was willst du hier?" fragte sie die jüngere Schwester.

„Hast zu vergessen, daß wir mit Herrn Bauer vereinbart haben, daß er Marcy in ein paar Minuten hier absetzt, damit sie bei uns das Wochenende verbringt und mit mir morgen in die Ballettstunde geht?" sagte Erin. „Ich bin mit dem Bus hierhergefahren, um sie abzuholen." Sie erblickte Frou-frou und ging auf den Pudel zu, um seinen Kopf zu kraulen. „Was für ein netter Kerl", sagte sie. „Und was für lustige Krallen er hat!"

Herr Allison wurde verlegen. „Das ist nicht mein Werk", sagte er sofort. „Meine Frau hat diese verrückte Idee gehabt, ihm die Krallen rot zu lackieren. Ich verstehe nicht, wie sich ein Hund so was gefallen läßt."

„Ach, das sieht doch hübsch aus", meinte Erin, während

Frou-frou vergnügt mit dem Schwanz wedelte.

„Nein, mein Geschmack ist das nicht. Ich hätte mir auch nie einen Pudel angeschafft, sondern einen deutschen Schäferhund. Der läßt so etwas nicht mit sich machen. Aber nun komm, Frou-frou, es ist Zeit, daß wir nach Hause gehen."

Er stand auf, und Frou-frou tänzelte hinter ihm her. Linda und Erin schauten ihnen grinsend nach.

In diesem Augenblick stürzten Teddy und Sparky zur Tür herein. Und gleich darauf erschien Frau Sparks mit Charly, der in seinem Tragkorb lag.

„Was grinst ihr denn so dämlich?" wollte Teddy wissen. „Ist es wegen dieses lächerlichen Pudels?"

„Pst!" machte Linda. Aber zum Glück hatte Herr Allison Teddys Bemerkung nicht mehr gehört.

„Ich hoffe, wir kommen nicht zu spät", meinte Frau Sparks und stellte den Katzenkorb ab. „Aber wir hatten ein kleines Problem mit Charly."

„Aber es geht ihm doch nicht schlechter?" fragte Linda besorgt.

„Nein, nein, ganz im Gegenteil", erwiderte Frau Sparks. „Es geht ihm schon wieder so gut, daß wir ihm durchs ganze Haus nachlaufen mußten, um ihn einzufangen. Er haßt nämlich nichts so sehr wie diesen Tragkorb."

Charly miaute laut. Sparky ging zum Korb und schaute durch die Öffnung. „Beruhige dich, Charly", sagte sie zu dem Kater. „Es wird nicht lange dauern. Der Doktor tut dir sicher nicht weh. Er hat dir doch bis jetzt auch nicht weh getan, oder?" Sie blickte zu Linda hoch und meinte: „Ich glaube, du hast recht, er versteht ganz genau, was ich zu ihm sage. Er sieht schon viel fröhlicher aus."

„Das habe ich dir doch gesagt", antwortete Linda. „Ich sage meinem Vater, daß ihr hier seid." Sie ging ans Telefon. Gleich darauf kam ihr Vater aus dem Behandlungszimmer.

„Wie geht es denn unserem Patienten?" erkundigte er sich und zog Sparky an einem Zopf. „Macht er Fortschritte?"

„Ja, dank Ihrer Hilfe, Doktor", antwortete Frau Sparks. „Es grenzt beinahe an ein Wunder. Wir dachten nicht, daß er überleben würde."

„Ja, ich auch nicht", mischte Sparky sich ein. „Und jetzt wirst du noch viele Jahre leben, nicht wahr, Charly?" Der Kater miaute.

„Nun, wir wollen mal ins Behandlungszimmer gehen und uns den Burschen genau ansehen", meinte Doktor Taylor.

„Darf ich mitkommen?" fragte Teddy.

„Klar, je mehr dabei sind, um so besser", sagte Doktor Taylor. Er erblickte Erin. „Hallo, Kleines, wartest du auf Marcy?"

„Ja", sagte Erin. „Sie muß jeden Augenblick dasein." Sie wandte sich an Sparky. „Darf ich mal Charly sehen? Ich kenne ihn nur vom Erzählen."

Sparky stellte Erin den Kater vor, und Erin fand nur Worte des Lobes und der Bewunderung für Charly. Dann ging der Tierarzt voraus ins Behandlungszimmer.

Gleich darauf erschien Marcy mit einer Reisetasche in der Hand. „Hallo, da bin ich", sagte sie und lächelte Erin und Linda verlegen an.

„Fein!" rief Erin begeistert. „Wir werden ein super Wochenende verbringen."

„Wie geht es Flossie?" erkundigte sich Linda. „Und was machen die Lämmchen?"

„Oh, Flossie geht es ausgezeichnet", sagte Marcy. „Als Onkel Fred sie am Mittwoch nach Hause brachte, dachten wir, sie würde vielleicht ihre Jungen nicht wiedererkennen, aber weit gefehlt. Es hat mir wirklich Spaß gemacht, mich um Mickey und Dickey zu kümmern. Sie sind richtige Knuddel-Lämmchen. Schade, daß sie nicht immer so klein bleiben. Ich habe neulich mit meinen Eltern telefoniert und ihnen von den beiden erzählt. Übrigens, meinem Vater geht es schon viel besser. Am Monatsende fahre ich wieder nach Hause. Onkel Fred und Tante Edna haben mich für die Sommerferien eingeladen, und ich denke, daß ich kommen werde. Und vielleicht kannst du mich mal in Pittsburgh besuchen, Erin?"

„Das würde ich gerne tun", sagte Erin und strahlte über das ganze Gesicht. „Ich möchte auch gerne euer Ballett sehen."

„Paps untersucht gerade Charly", sagte Linda. „Das ist Sparkys Kater. Er ist der letzte Patient. Ich stelle jetzt den Anrufbeantworter ein, und wir können Ghost guten Tag sagen. Willst du mitkommen, Marcy?"

„Klar will sie", antwortete Erin für Marcy. „Laß deine Tasche hier. Die holen wir später. Ghost ist ein herrliches Pferd. Und du brauchst keine Angst vor ihm zu haben."

„Ich fürchte mich nicht mehr vor Tieren", meinte Marcy, als sie mit Erin und Linda zur Koppel ging. „Onkel Fred hat mir sogar gezeigt, wie man Kühe melkt. Ich meine, mit der Hand. Normalerweise verwenden sie Melkmaschinen, aber er wollte mir zeigen, wie es früher gemacht wurde."

„Ich habe auch einmal eine Kuh gemolken", erzählte Linda. „Es hat mir Spaß gemacht, nur die Milch schmeckte ganz komisch. Ich mag sie nicht, wenn sie noch warm ist, sondern nur, wenn sie frisch aus dem Kühlschrank kommt."

„Ich auch", sagte Marcy.

Als Linda pfiff, kam Ghost auf sie zu und blieb freudig wiehernd vor den drei Mädchen stehen. Sie tätschelten sein grauschimmerndes Fell. Linda hatte ein paar Karotten für ihn eingesteckt, und jede von ihnen durfte ihm eine geben.

„Ich hole schnell seine Zügel aus dem Stall", sagte Linda, nachdem der Wallach die letzte Karotte verspeist hatte. „Ich möchte noch ein wenig ausreiten, bevor wir nach Hause fahren."

„Dürfen wir auch auf ihm reiten?" wollte Erin wissen. „Nur ein paar Runden auf der Koppel."

„Warum nicht?" sagte Linda. „Wartet, ich bin gleich zurück." Sie lief in Richtung Stall los, und ein paar Minuten später kam sie mit Ghosts Zügeln zurück. Nachdem sie ihm diese angelegt hatte, schwang sie sich auf seinen Rücken.

„Nimmst du keinen Sattel?" wunderte sich Marcy.

„Nicht, wenn ich auf der Koppel reite", erklärte ihr Linda. „Du brauchst keine Angst zu haben, wenn du oder Erin ihn reitet, führe ich ihn am Zügel. Er ist sehr sanft und geduldig. Es kann euch nichts passieren." Mit diesen Worten trabte sie davon. Linda liebte es, ohne Sattel zu reiten. Es war immer so, als wäre sie eins mit dem Pferd, wie jene Sagengestalten, die halb Mensch, halb Pferd waren. „Ja, ich bin ein Zentaur", sagte sie leise vor sich hin. Es wäre doch schön, wenn es wirklich Zentauren gäbe. Aber es war auch schön, nur Linda Taylor zu sein und auf einem prächtigen Pferd zu reiten, das ihr allein gehörte. Da die beiden Mädchen sie beobachteten, strengte sie sich besonders an, um ihnen zu zeigen, wie gut sie reiten konnte. Schließlich blieb sie wieder vor ihnen stehen.

Marcy war hingerissen. „Linda, du reitest fantastisch. Du solltest dich sehen können."

Linda freute sich über Marcys aufrichtige Bewunderung. „Ghost ist doch ein einmaliges Pferd, findest du nicht?" Sie glitt vom Rücken des Pferdes. „Jetzt seid ihr an der Reihe", sagte sie zu den beiden Mädchen.

„Beide gleichzeitig?" fragte Marcy. „Sind wir nicht zu schwer für ihn?" Linda lachte. „Niemals! Ihr beide zusammen wiegt nicht mehr als ich allein. Ghost hat absolut nichts dagegen, wenn ihr euch beide auf ihn setzt." Mit diesen Worten führte sie den Wallach näher an den Zaun heran. Erin und Marcy, die auf dem Zaun saßen, konnten sich so leichter auf seinen Rücken setzen. Marcy legte ihre Arme um Erins Taille, und Linda führte Ghost auf die Koppel.

„Sag, Linda, darf ich dann auf ihm reiten?" rief Teddy, der auf die Koppel zurannte, ihnen zu. Hinter ihm war Sparky, und dann kamen noch der Tierarzt, Frau Sparks und Toby.

„Was für ein schönes Pferd!" sagte Frau Sparks.

„Es gehört Linda", erzählte ihr Teddy voller Stolz. „Sie hat ihn von ihrem eigenen Geld gekauft, als sein früherer Besitzer ihn einschläfern lassen wollte."

Der Tierarzt warf Sparky einen Blick zu. „Möchtest du auch auf ihm reiten?" fragte er sie.

Das Mädchen schüttelte den Kopf. „Nein, ich mach' mir nichts aus Pferden", sagte sie. „Halt jetzt bloß den Mund, Teddy!"

Teddy machte eine Unschuldsmiene. „Ich? Ich denke

gar nicht daran, was zu sagen. Ich würde niemals Angsthase oder Feigling zu dir sagen."

„Es scheint ein sehr sanftes Pferd zu sein, Sparky", sagte ihre Mutter und legte einen Arm um Sparkys Schultern. „Erin und Marcy scheint das Reiten einen Riesenspaß zu machen."

„Ghost ist wirklich sehr sanft", bestätigte Toby. „Linda läßt mich ihn auch hin und wieder reiten. Du brauchst wirklich keine Angst zu haben, Sparky."

„Ich habe auch keine Angst", beteuerte das Mädchen und warf Teddy einen finsteren Blick zu.

Linda führte Ghost zurück zu dem Koppelzaun, und Toby half Erin und Marcy herunterzusteigen.

Teddy kletterte auf den Zaun. „Ladies first!" sagte er grinsend über die Schulter zu Sparky.

Doch Sparky steckte ein Zopfende in den Mund und schüttelte den Kopf.

Linda reichte Toby die Zügel und schlüpfte unter dem Zaun hindurch. Sie ging auf Sparky zu. „Wie alt warst du denn, als du von dem Pony gefallen bist?" wollte sie wissen.

„Ich glaube, fünf oder sechs", erwiderte Sparky. „Jedenfalls bin ich noch nicht zur Schule gegangen."

„Haben sie dir gesagt, was du tun solltest, als du runtergefallen warst?"

Sparky schüttelte den Kopf.

„Normalerweise muß man sich sofort wieder auf das Pferd setzen, aber in deinem Fall ging es nicht, weil du dir den Arm gebrochen hattest. Und das ist auch der Grund, warum du dich vor Pferden fürchtest. Wenn du jetzt auf Ghost reitest, wirst du keine Angst mehr haben. Und du

wirst auch nicht herunterfallen, das mußt du mir glauben."
„Ich weiß nicht so recht...", sagte Sparky leise. „Er ist so riesig."
„Ja, das stimmt, aber sieh dir an, wie breit sein Rücken ist", meinte Linda. „Da kannst du nicht so leicht herunterfallen. Komm, versuch es, Sparky!"
„Ja, probier's doch mal", redete ihr nun auch Teddy zu.
Aber Sparky rührte sich nicht von der Stelle.
Linda seufzte. Sie schaute zu Ghost hinüber, der den Kopf durch den Zaun hindurchsteckte und sie beobachtete. „Ich glaube, Sparky, du hast Ghosts Gefühle verletzt. Noch nie hat sich ein Mensch vor ihm gefürchtet, und er hat auch nie von jemandem zu hören bekommen, daß man ihn nicht mag. Schau, er sieht richtig traurig aus. Du willst doch sicher nicht, daß er traurig ist, oder?"
„Nein, natürlich nicht", gab Sparky kleinlaut zu. „Ich werde es versuchen, ich verspreche es dir."
„Wenn du es tust, werde ich dich nie wieder Angsthase oder Feigling nennen", versprach Teddy.
Sparky nahm das Zopfende aus dem Mund und sagte: „Einverstanden."
„Ist meine Tochter nicht mutig?" sagte Frau Sparks stolz.
„Ich helfe dir", sagte der Tierarzt und hob Sparky auf Ghosts Rücken.
Linda zeigte ihr, wie sie die Zügel zu halten hatte. „Sitzt du gut?" fragte sie.
„Ich glaube schon", erwiderte Sparky leise.
„Dann wollen wir es mal versuchen", sagte Linda und führte Ghost ganz langsam über die Koppel.
„Gib ihm die Sporen, Cowboy!" rief Teddy ihr zu.
„Du nimmst dich gut da oben aus", sagte Frau Sparks

voller Bewunderung.

„Na, siehst du, es ist ganz einfach", sagte Linda zu Sparky.

Allmählich entkrampfte sich Sparky. Ihr Gesicht war nicht mehr so angespannt, und schließlich lächelte sie glücklich vor sich hin. „Weißt du was, Linda?" sagte sie. „Ich habe überhaupt keine Angst mehr. Aber bleib trotzdem neben mir. Ich kann noch nicht allein auf ihm reiten und wüßte nicht, was ich tun müßte, wenn er davongaloppiert. Wir würden wahrscheinlich im Zaun landen..."

„Nein, ich bleibe schon an deiner Seite", beruhigte Linda sie.

Sparky beugte sich zu Linda herunter. „Weißt du, was ich dir noch sagen wollte?" flüsterte sie.

„Was?" flüsterte Linda zurück.

„Ich mag Teddy. Er ist mein erster wirklicher Freund hier in Essex."

„Das freut mich", erwiderte Linda. „Aber warum flüsterst du denn?"

„Weil ich nicht will, daß Teddy mich hört. Ich möchte nicht, daß er weiß, daß ich ihn mag, bevor er mir nicht gesagt hat, daß er mich mag. Denn ansonsten würde er mich vielleicht auslachen, und dann würde ich wieder zu raufen anfangen."

„Ich werde es ihm nicht verraten", versprach Linda.

„Schwörst du es?" sagte Sparky.

Linda nickte. „Ich soll tot umfallen, wenn ich ihm ein Sterbenswörtchen verrate."

Sparky war sichtlich erleichtert. „Sag mal, können wir nicht ein wenig schneller reiten? Ich möchte Teddy zeigen, daß ich schon reiten kann."

Linda hatte nichts dagegen. Während sie Sparky beobachtete, dachte sie, wie viele Freunde sie doch in dieser Woche gewonnen hatten – Sparky, Frau Sparks, Charly und Marcy und nicht zu vergessen: Flossie und ihre beiden Jungen.

„Es ist schön, neue Freunde zu haben", flüsterte sie Ghost ins Ohr, „aber alte Freunde sind noch besser, wie zum Beispiel Toby, Jill und du. Ach, Ghost, ich hab' dich so gern!"

Ghost nickte und berührte mit seinen Nüstern sanft ihre Wange, so als wollte er sagen: „Ich dich auch."

Spannung, Spaß und Abenteuer
für Leser ab 9

HABE ICH		WÜNSCHE ICH MIR
	Pestum, Jo **Der Astronaut vom Zwillingsstern**	
	Siebke, Martina **Mein Freund, der kleine Vampir**	
	Utecht, Marion **Ein Gespenst fürchtet sich**	
	Utecht, Marion **Der fliegende Bettvorleger**	
	Wendling, Anne **Als Großmama ein kleines Mädchen war**	
	de Groen, Els **Wenn Wünsche in Erfüllung gehn**	
	Kruse, Max **Es hat dich immer jemand lieb**	
	Kuntze, Peter **Bleib bei uns, kleiner Hund!**	
	Hoffmann, Elvira **Mit einem Hund durch dick und dünn**	
	Bars, Edda **Viel Wirbel auf dem Katzenhof**	
	Bars, Edda **Eine Überraschung für Suse**	
	Bars, Edda **Das Mädchen von irgendwo**	
	Haller, M. **Ich wünsch mir eine Freundin**	
	Fischer, Marie Louise **Susebill tut, was sie will**	
	Fischer, Marie Louise **Jetzt schlägt's dreizehn, Gundula**	

Gib diesen Wunschzettel Deinen Eltern oder Großeltern oder allen, die Dir gerne eine Freude machen wollen.